気候の暴走

地球温暖化が招く過酷な未来

淑徳大学客員教授
横山裕道

花伝社

気候の暴走——地球温暖化が招く過酷な未来◆目次

第五章 気候変動の主役たち

第六章 立ちはだかるさまざまな壁

第八章　わずかな可能性を求めて　210

はじめに

世界が協力して地球温暖化に立ち向かおうと日本の古都で京都議定書が採択されてから、そろそろ二〇年になる。成果は上がったのだろうか。残念ながら、答えは「ノー」である。その後も大気中のCO2（二酸化炭素）など温室効果ガス濃度が増え続け、世界の平均気温は産業革命前から約一度上昇してしまった。それに伴って世界各地で熱波や干ばつ、洪水などの異常気象が一層目立つようになり、「このままいったら、我々の未来はどうなるのか」と心配する声が高まっている。

有効な手を打たない限り二一世紀末には世界の平均気温は産業革命前から四、五度上昇し、急激な気候変動が襲うという見通しが出されている。まさに気候の暴走が始まるかも知れない。そうなると異常気象を超えるような極端現象が頻発し、世界的に水や食料不足が決定的になる。そして大量の難民が発生し、紛争や戦争の勃発など世界は混乱状態に陥るだろう。人類の滅亡が現実味を帯びてくる可能性すらある。

何とか気温上昇に歯止めをかけようと、二〇一五年一二月のCOP21（国連気候変動枠組み条約第二一回締約国会議）で京都議定書に代わるパリ協定が採択された。ようやく温暖化防止のために先進国だけでなく途上国も参加して温室効果ガスの排出削減に努め、産業革命前から二一世紀末までの気温上昇を一・五度〜二度上昇にとどめようという合意が成った。

一つの大きな前進ではあろう。しかし、パリ協定通りにことが運ぶ可能性は極めて小さい。特に先進国並みの豊かな生活を目指す中国やインドをはじめとした途上国が排出削減にどれだけ効果を上げるかは分からない。排出削減には大きな費用がかかるが、先進国の資金支援にはあまり期待できそうにない。仮に今後、国際的な排出削減が軌道に乗るとしても、その後もしばらく気温は上昇し続けるのだ。

もはや、今世紀末に気温が四、五度上昇するのは避けられないのかも知れない。これは人類やさまざまな生物にとって大変な事態である。だからこそ、ここであきらめず、わずかでも残る可能性を求めて、将来世代のために努力するのがいまの我々の責務ではないのか。

こんな動機から本書を執筆しようと考えた。長年の科学ジャーナリスト経験を生かし、①このまま温暖化が高じるとどんな未来になるのか、②過去には地球上でどんな気候変動があったのか、③現在、我々がどんな状況に置かれ、どうしたら危機を脱却できるのか、の三点をできるだけ分かりやすく具体的に描こうと心掛けた。これだけ幅広い観点から地球温暖化や気候変動に迫り、その深刻さを論じた類書はないのではないか、と思う。

まず「第一章　気候が暴走する未来の社会」では、「気候の暴走」を大まかに定義し、このままではどんな未来が待っているのかを、ＩＰＣＣ（気候変動に関する政府間パネル）や世界銀行の報告書などを基に述べている。極端現象の頻発で水・食料不足が深刻になり、それに海面上昇や海洋酸性化などが加わって世界が極度に不安定化することを描いた。「第二章　何が暴走の背景にあるのか」では、ＣＯ$_2$濃度が上昇を続け、気温上昇が顕著であること、極域で急激な変動が起こっていることなど、気候が暴走に至る要因にスポットを当てた。

次に「将来の気候を見通すには過去を知ることが一番」という考えから、過去の気候変動に話題を転換。「第三章　人類を何度も襲った急激な気候変動」では、いまから七万年~一万五〇〇〇年前の最終氷期は荒れて不安定な気候で急激な気候変動が繰り返されたほか、最終氷期から現在の間氷期に移る際にも突然の厳しい「寒の戻り」があったことなどが古気候の研究で分かり、専門家の間で現在の温暖化と関連して「急激な気候変動」がキーワードに浮上したことに触れた。

「第四章　温暖化で恐竜が栄え、全球凍結もあった」では、さらに過去にさかのぼって五六〇〇万年前の温暖化が現在との比較で脚光を浴びていること、中生代の温暖な時期に恐竜が栄えたものの、巨大隕石落下の「衝突の冬」などによってその恐竜が滅んだこと、何億年も前に地球全体が厚い氷に覆われる全球凍結があったこと、などを紹介し、地球の気候の歴史がドラマチックであったことを浮き彫りにした。「第五章　気候変動の主役たち」では、さまざまな気候変動のカギを握る巨大な氷床や海洋大循環、大陸移動や火山活動などについていまの温暖化の行き着く先に関連づけながら述べた。

そして最後が、急激に進行する地球温暖化にどう対処するかをテーマにし、「第六章　立ちはだかるさまざまな壁」、「第七章　やっとここまで、パリ協定」、「第八章　わずかな可能性を求めて」から成る。温暖化防止には懐疑論をはじめ実に多くの壁があること、鳴り物入りで採択されたパリ協定は高い評価を受けている半面、大きな限界があること、それでもエネルギー革命を成し遂げ、経済成長する一方で脱炭素社会を築く以外に道はないことを述べている。

パリ協定では、二一世紀後半に温室効果ガスの排出量を「実質ゼロ」にすることが不可欠だとしている。いつの時点かに石炭や石油、天然ガスの使用を一切やめるということである。「もはや我々が省エネに努めるといったレベルでは到底間に合わない」と考えたほうがよさそうだ。

これまで人類が化石燃料を大量に使って文明を発展させてきたやり方を全面転換させることが不可欠で、世界的に太陽光発電、風力発電など再生可能エネルギーの大量導入を図ることがカギを握る。一方で発電時にCO_2を発生しないものの、二〇一一年三月に東京電力福島第一原発事故が起こるなど安全性に大きな不安を抱える原子力をどうするかという悩ましい問題にも結論を出さなければならない。原発擁護論はなお根強いが、少なくとも地震国日本では原発に頼ることはやめたほうがいい、と思う。

もう本当に後がない。このままでは気候の暴走が始まる。それなのに世界も日本も危機感に欠けている、というのが筆者の率直な感想である。本書を読んで、パリ協定ができたいまが、地球温暖化を食い止める最後のチャンスであることを理解していただきたい。

第一章　気候が暴走する未来の社会

1　温暖化の行き着く先を警告する気候学者

大気に何が起きているのか

ものすごい勢いで世界の平均気温と大気中のCO_2（二酸化炭素）濃度が上昇している。「ものすごい」とは言っても肌に感じるほどのものではなく、実際には「じわじわ」と表現した方が適切だろう。

しかし、地球の歴史を振り返ってみると、いまのように一世紀に一度の地上平均気温の上昇、CO_2濃度の一〇〇ppm（ppmは一〇〇万分の一の単位）以上の上昇という例は知られていない。我々が化石燃料の燃焼で排出する温室効果ガスのCO_2などによって地球が急速に温暖化し、気候は人類が経験したことのない領域に入りつつあるのだ。

当然のことながら、「このまま行くとどうなるのか」と心配になる。

大昔の気候を調べて分かった！

未来の気候を知るのは、過去の気候を知ることが最も手っ取り早い。その古気候研究によってさまざまなことが分かってきた。

地球全体ではなく局地的な話ながら、グリーンランドでは、かつて数年から一〇年のうちに気温が一〇度も上昇するような気候変動が生じている。前例のない地球温暖化が進む現在、「過去と同じような激しい気候変動が起こってもおかしくない」と考えられるようになった。気候学者の間で「急激な気候変動」がホットなテーマになっている。

ほぼ似たような意味で「気候ジャンプ」や「気候の暴走」という言葉を使う専門家もいる。例えば、独立行政法人海洋研究開発機構生物地球化学研究分野・分野長の大河内直彦さんは、講談社科学出版賞を受賞した著書『チェンジング・ブルー　気候変動の謎に迫る』（岩波書店）の中で、人類が地球の気候システムに加えている「ひと押し」について触れている。

最後のひと押しが気候を暴走させる

「少々二酸化炭素濃度が上昇しても、氷期から間氷期に移ったような大規模な気候の再編は起きない。しかし、この「ひと押し」がどんどん大きくなっていったら、どうなるだろう？　気候システムが異常をきたしたとしても、それは決して不思議なことではない。いずれ「障壁」を乗り越え、別の安定解へとまっしぐらに突き進む非線形性が現れるかもしれない。気候の暴走である。それが、気候学者が現在もっとも恐れていることなのである」と述べているのだ。

これらの言葉がきちんとした定義がないまま使われるケースが多い。本書では「気候の暴走」について「二一世紀末より早い時期に、産業革命前に比べ世界の平均気温が四度以上上昇し、しかも気温の上昇に歯止めがかからず、気象の極端現象が頻繁に現れるなど社会への影響が極めて大きくなった状態」とおおまかに考えたい。

二〇六〇年代に四度上昇も

温暖化の影響を最小限にとどめるには、産業革命前からの気温上昇を二度未満に抑えることが以前から国際目標になっているが、四度とはその二倍である。産業革命前から二〇一五年までに気温は約一度上昇しているとみられるから、さらに三度のアップとなる。「気候変動緩和のための約束・公約が実行されない場合、二〇六〇年代にも四度上昇が生じうる」と世界銀行の報告書は述べているが、その時期はもっと早まるかもしれない。

気候の暴走と言うと、「もう制御が不可能。一気に破局に向かう」といったニュアンスもあるが、ここではコントロールできなくなって破局に向かっている状態とまでは考えない。

ただ過去に例のない人為的な温暖化なので、どんな結末になるかは誰にも分からない。気候システムはこれまで人類が一万年以上にわたって経験してきた安定したものでは決してない。きっかけさえあれば突然変わってしまうものだと認識する必要がある。広大な地球や気候を相手にする場合、「突然」や「急激」と言っても「あすにでもすぐ変わる」という意味ではなく、少なくとも数年や数十年はかかると理解するのが適切だろう。

打つ手はないのかもしれない

今後、気温上昇が社会にどんな影響を与え、特に平均気温が四度以上上がって気候が暴走状態に達したときに、どんな社会になるのかを、各国の専門家や政府関係者が結集するIPCC（気候変動に関する政府間パネル）が二〇一四年一一月までにまとめた第五次評価報告書や、気候変動問題に熱心に取り組む世界銀行の『熱を下げよ――なぜ四度上昇を避けねばならないか』（二〇一二年）、『温度を下げろ――新たな標準的気候に立ち向かう』（二〇一四年）をはじめとした一連の報告書などを参考に、これから見ていこう。

日本への影響はもちろん避けられないが、熱波や干ばつ、暴風雨、洪水、著しい海面上昇、巨大化した台風などが貧しい人々、貧困国、途上国、小さな島国に最も深刻な影響を及ぼし、水や食料をめぐる紛争や大量の難民の発生など極めて憂慮すべき社会が出現することが浮かび上がる。どうしても避けなければならないが、対立・紛争が高じて核戦争に発展する可能性を心配する声すら上がっている。このまま人類がCO_2の排出削減で有効な手を打たない限り、我々には恐るべき未来が待っているのだ。しかも打つ手はもうないのかも知れない。

2　熱波や干ばつの極端現象と台風巨大化

異常気象で死者六〇万人、被災者四〇億人！

地球温暖化の影響もあって、このところ世界各地で異常気象が目立っている。

国連国際防災戦略事務局は、一九九五年からの二〇年間に洪水や干ばつなどの気象災害によって世界で約六〇万六〇〇〇人が犠牲になり、被災者は延べ四一億人という報告書を二〇一五年にまとめた。死者を含む被災者数が最も多いのは洪水で延べ二三億人という。死者・被災者の圧倒的な数に驚かされる。

二〇〇三年にフランスのパリなどを中心に欧州を襲った熱波は最近の異常気象の典型例とされ、フランスのお年寄りを中心に三万人以上の死者を出した。

それでも欧州全体の平均をとると、気温は平年より二・三度高かった程度だというから、世界の平均気温が四度上がったらどうなるかと考えるとゾッとする。

世界銀行の報告書によると、二〇一〇年のロシアの熱波では予備的な調査で死者は五万五〇〇〇人、火災による焼失面積は一万平方キロメートル以上に達し、穀物の不作や一五〇億ドルの経済損失をもたらした。平均気温が異常に高かった二〇一二年の米国では、干ばつが農業地帯の八〇%に影響を与え、一九五〇年代以降では最も厳しい干ばつとなった。

こうした欧州、ロシア、米国の異常気象は、気候変動がなければ数百年に一回起こるかどうかだという。最近ではその一〇倍もの頻度になっている。

記録的異常気象が止まらない

二〇一五年も異常気象のオンパレードだった。異常気象というよりも、平均からのずれが一段と大きい極端現象と考えたほうがいいだろう。

五～六月に南アジアは異常高温となり、熱波の襲来によってインドでは約二五〇〇人、お隣のパキスタンでは一二〇〇人以上が死亡する惨事になった。

熱波を「ルー」と呼んでいるインドではその後も高温が続き、南米北部やブラジルでも高温が目立った。インドネシアでは高温と干ばつが重なって、同国で頻発する森林火災を広げる役割を果たした。

四月にはチリ北部のふだんほとんど雨が降らないアタカマ砂漠で猛烈な豪雨が土石流や洪水を引き起こし、多くの人々をのみ込んだ。世界各地の異常に比べれば何でもないが、日本では夏に極端な高温が大幅に増加しており、東京では二〇一五年七月末から最高気温が三五度以上の猛暑日が八日連続するという新記録をつくった。

インド各地では二〇一六年に入っても記録的な高温が続き、五月中旬には西部ラジャスタン州ファローディで国内史上最高の五一・〇度を記録した。これまでの記録の五〇・六度を六〇年ぶりに更新したという。全国的に熱波による死者が相次ぎ、各地で干ばつも起こった。

これからさらに気温が上昇していくと、どうなるのだろうか。

ＩＰＣＣの報告書は「世界平均気温が上昇するにつれて、ほとんどの陸域で日々及び季節の時間スケールで極端な高温がより頻繁になり、極端な低温が減少することはほぼ確実である。熱波の頻度が増加し、より長く続く可能性が非常に高い。たまに起こる冬季の極端な低温は引き続き発生するだろう」と述べている。

温暖化で最も気温が上がるとみられるのは北極圏だ。

北極圏は太陽光をよく反射する雪や氷に広く覆われているが、今後、気温が上がると雪氷面積が減り、太陽光をこれまで以上に吸収するため気温上昇が加速すると考えられる。このように昇温がさらなる昇温を招く現象は「正のフィードバック効果」と呼ばれ、気候変動では恐れられている。

ロシアで五万人を死なせた殺人熱波が当たり前に

産業革命前から気温が四度上昇した場合、高温の極端現象の強度と頻度は劇的に増加すると世界銀行の報告書はみており、「四℃世界」という言葉を使っている。ロシアで二〇一〇年に経験したような極端な熱波は、四度上昇では普通の夏になってしまうという。

南米、中央アフリカの熱帯地域、太平洋の熱帯にあるすべての島国は前例のない規模と継続期間の熱波を経験するだろう。新たな高温気候では、最も寒い月でも、二〇世紀末の最も暖かい月よりも暖かくなってしまう。

地中海、北アフリカ、中東、チベット高原のような地域では、ほとんどすべての夏は、現在経験している極端な熱波の時よりも暑くなる。例えば地中海沿岸では最も暖かい七月は、現在の最も暖かい七月よりも九度も暑くなってしまいそうだという。

最近の極端な熱波は熱中症に関連した死や森林火災、作物収穫の損失を招くなど重大な影響を与えている。四度以上の上昇で予想される極端な熱波が引き起こすインパクトについてはまだきちんと評価されていないが、これまで人類が経験した事態をはるかに超え、社会や自然システムの適応能力を上回ってしまうだろうと世界銀行は警告している。

干ばつの後、洪水に襲われることも

猛暑日が明らかに増えている日本でも、熱波の影響はますます大きくなる。二一〇〇年には日本の主だった都市で春から秋にかけて最高気温が三〇度以上の真夏日が連続するといったことも起こり得る。

暑い日や暖かい期間の頻度の増加は、都市の気温が周辺部より上昇するヒートアイランド現象を悪化させ、熱中症の発生をさらに増やすほか、冷房のためのエネルギー使用を増加させるとみられる。

米国を含む北米では四度上昇に伴う乾燥傾向で火災による生態系や財産の損失、人間の疾病と死亡のリスクが確実に増すとＩＰＣＣの報告書は指摘する。

四度上昇では干ばつや極端な降雨、洪水をもたらすとともに、台風やサイクロン、ハリケーンの強度を増大させると考えられる。高温になると干ばつと洪水という反対の現象が生じやすくなり、ある地域では干ばつの被害に遭い、すぐ近くでは極端な降雨による洪水に見舞われるといったことが起こる。渇水域は洪水が頻発する地域と一致しやすいのだ。

温暖化による海面上昇に伴って洪水や高潮の被害が増す。台風の巨大化がそうした被害に追い打ちをかける。突発的なゲリラ豪雨や竜巻、雷も当然増えるだろう。

四度上昇で、台風や森林火災の被害激増——世界銀行報告書

世界銀行の報告書によると、二一〇〇年に四度上昇した場合、強い熱帯低気圧の発生頻度の増加によって経済被害が倍増する。アマゾンでは一・五～二度の上昇で森林火災は倍増し、四度上昇ではさ

フィリピンを直撃した大型台風ハイエンによる被害（© Trocaire）

らにもっと厳しい状況になるという。日本では一時間に五〇～八〇ミリの雨量を激しい雨、八〇ミリ以上を猛烈な雨と気象庁が呼んでいるが、今後は猛烈な雨や集中豪雨が確実に増え、各地域で現在なら数十年に一回出る程度の大雨の特別警報が数年に一回に増える可能性がある。

世界の平均気温が二・六度上昇すると、陸地の上では四度の上昇、極地ではより一層気温が上昇するという試算もあるなど、気温上昇の程度は地域によって大きく違う。

産業革命前から平均気温が四度以上上がって気候の暴走状態になった場合、各地にどのような深刻な被害が出るかは予測がつかない。気温上昇が特に大きい北極や南極に与える影響は計り知れないだろう。

二〇〇五年に米国を襲ったハリケーン・カトリーナはニューオーリンズ周辺で死者一七〇〇人以上、二〇一三年にフィリピンを直撃した大型台風ハイエンでは犠牲者が六〇〇〇人以上出たが、台風の巨大化でスーパー台風が日常的に誕生した場合、そんな被害では済まない。温暖化は世界的に季節が移り変わる時期や生態系にも著しい影響を与え、我々が目にする景色は一変するだろう。地球の破局が近いことを感じることになりかねない。

3　水・食料不足が決定的に

二八億人は水に不自由

人間の生活に水と食料は欠かせないが、地球温暖化はこれらの確保に重大な影響を与える。温暖化が懸念される背景には、異常気象の頻発などの気候変動と並んで水・食料問題がある。

すでに途上国を中心に水不足は慢性化し、現在水不足に悩む人は七億〜二八億人もいるという。さらに深刻な水不足が予想されるから「二一世紀は水の世紀」という呼び方もある。

気温の上昇にはエアコン使用で対処できても、水問題はそう簡単に打つ手が見つからない。温暖化によって気温や海面が上昇するだけではなく、水の循環にも変化が現れ、降水範囲が変わる。どうでもいい場所に雨が降り、これまで一定の水を確保できた地域に雨がほとんど降らなくなったりする。地域によっては必要な淡水が減って塩水が増えるという問題もある。温暖化の水循環への影響は、気温の上昇より深刻だという見方もある。

アジアの水源、ヒマラヤの氷河はあと二〇年でなくなる⁉

一方で温暖化は世界中で氷河を縮小させ、下流の水資源に大きな影響を及ぼしている。世界の氷河で最も後退速度が速いのは、極地を除くと最大の氷を抱えるヒマラヤの氷河だ。ヒマラヤ山脈の多数の氷河から解け出した水はガンジス川やブラマプトラ川などに流れ込み、バングラデシュやインドを含むアジア全域の重要な水源となっている。

このまま温暖化が進行すれば、ヒマラヤの氷河は二〇三五年までになくなるという予測があり、周辺の住民にとって生きるか死ぬかの問題となる。

黄河やメコン川、ガンジス川などアジアの主要河川の源流域となっているチベット高原の氷河も解け出している。アジア太平洋地域は水不足や水害など水をめぐる危機に一番直面している、と国連アジア太平洋経済社会委員会のチームは分析している。

アンデス氷河の二割が消えた!

八〇〇万人が住むペルーの首都リマ。ここは南米の雨期にあたる一二月にも雨がほとんど降らないのに、水に困らない。アンデス山脈の氷河からリマック川に大量の水が流れ込むからだ。しかし、周辺の氷河はすでに三〇年間で二〇%以上縮小しており、このままでは人々の生活にとって大きな脅威となる。

米カリフォルニア州の主要な水源であるシエラネバダ山脈の雪塊量が二〇一五年には過去五〇〇年で最低レベルだったことが米アリゾナ大学などの解析で分かった。同州もこの山脈の雪塊量が二〇五

○年までに二五～四○％減少すると予測している。

ＩＰＣＣの報告書は言う。

「二一世紀全体の気候変動は、ほとんどの乾燥亜熱帯地域において再生可能な地表水及び地下水資源を著しく減少させ、エネルギーと農業など分野間の水資源をめぐる競合を激化させると予測される」

「多くの地域において、降水量または雪氷の融解の変化が水文システムを変化させ、質と量の面で水資源に影響を与えている」

下痢で毎日六〇〇〇人の子どもが死亡

また世界銀行の報告書は、産業革命前から四度の気温上昇に向かって急速に進む中で水利用への最も不都合な衝撃は、世界の人口増加に伴う水需要の増大と結びついて起こることだと指摘。四度上昇は多くの地域、特に北・東アフリカ、中東、南アジアで現在の水不足を極めて悪化させ、アフリカでは北東地域以外でも人口増加によって新たに国家的規模で水不足に直面するだろうと主張している。

水需要が増える一方で水不足の問題が世界的に広がり、一層悪化する様相をみせていることをうかがわせる。現在でも途上国を中心に汚れた水や劣悪な衛生設備が原因で、本来なら予防できるはずの下痢の病気で毎日六○○○人もの子どもが亡くなっている。これ以上の水問題の悪化は避けなければならない。

ている。

すでに穀物収穫量が減少し始めている

淡水は飲み水だけでなく、食料生産にも重要だ。だから水不足と関連して食料不足の問題も浮上している。

すでに小麦やトウモロコシなどの主要穀物の収穫量に減少傾向が現れ、米国中西部など世界の穀倉地帯が近接する砂漠にのみ込まれないかという心配も根強くある。

ＩＰＣＣの報告書は「二〇世紀末の水準より四度（産業革命前からだと四・六度）程度かそれ以上の世界平均気温の上昇は、食料需要が増大する状況では世界規模で食料安全保障に大きなリスクをもたらし得る」と述べている。これは世界的な食料不足を招きかねないということだ。

世界銀行の報告書も、インド、アフリカ、米国、オーストラリアを含む幾つかの地域では高温によって穀物生産に大きなマイナス効果が現れており、産業革命前からの四度上昇では世界的に食料安全保障が脅かされるとみている。

気候が変動すれば、地域に合わせて品種改良してきた三大穀物（小麦、トウモロコシ、米）がその土地で通用しなくなるという問題がある。また食料問題が世界的課題となった背景には、人口増加と並んで、豊かになった人々がもっと多くの食料を消費しようとし、中でも肉や乳製品の割合が増えることがある。

二〇一四年には一三〇〇万人が食料支援求める

国連世界食糧計画（ＷＦＰ）の調査によると、温暖化と過去最大規模のエルニーニョ現象が重なって二〇一四年から翌年にかけてアフリカ中心に大規模な干ばつが発生し、世界で少なくとも一三〇〇万人が食料支援を求めたことが分かった。

温暖化によって二〇五〇年までに世界で五〇〇〇万人が新たに飢餓に陥る恐れがあるとの推測もある。世界が食料不足に陥れば食料需給率が四〇%に過ぎない日本への影響も必至だろう。

紛争などの問題を抱えるアフリカのスーダンやソマリア、コートジボワールなどは、もともと水と食料が十分ではない。スーダンのダンフール紛争をめぐっては「最初の気候戦争」という見方もある。ソマリアの国家の崩壊を招いたのは、大干ばつが飢饉につながったことだった。気候が暴走状態になれば、水と食料不足はさらに決定的なものになり、その影響は途上国はもとより先進国にも及ぶだろう。水問題をめぐってインドとパキスタンが緊張関係にあることはよく知られている。

4　人間の健康や生態系に多大な影響

熱中症、マラリア……死者二五万人増！

ＩＰＣＣの報告書は、いまのペースで温室効果ガスの排出が続けば、二一世紀末には人々の健康や生態系に「深刻で広範囲にわたる後戻りできない影響が出る恐れ」が高まり、被害を軽減する適応策にも限界が生じると予測する。さらに「気候変動の影響の証拠は、自然システムに最も強くかつ最も包括的に現れている」と述べている。

アジアでは暑熱による死亡率が高まるとの見通しも示しており、まさに温暖化が人間や生態系への

桜の開花時期にも温暖化の影響が（東京・上野で著者撮影）

脅威になりつつあるとの警告である。

世界保健機関（ＷＨＯ）は、気候変動がこのまま進行すれば感染症や熱中症が一層深刻化し、二〇三〇～五〇年にはこうした病気による死者が現在より年間で約二五万人増えるという予測を発表した。

その内訳は高齢者の熱中症が三万八〇〇〇人、マラリア六万人、子どもの栄養不足九万五〇〇〇人などで、マラリアでは二〇一二年に推計で約六三万人が死亡しており、約一割増となるという。

深刻化する感染症としてマラリアのほか、同じように蚊が媒介するデング熱も挙げられた。日本では二〇一四年に六九年ぶりにデング熱の国内感染が確認されたが、デングウイルスを媒介するヒトスジシマカは平均気温が一一度以上の地域に定着することから、さらに温暖化が進めば分布域が北海道を含む国土の九割程度に拡大し、感染リスクが高まるという。

デング熱――感染国一〇〇カ国以上に激増

デング熱は、一九七〇年までは大規模に流行する国は九カ国だったのに、いまでは一〇〇カ国以上で年に最大一億人が感染している。かつて熱帯・亜熱帯の風土病と位置づけられていたが、フランスなど欧州でも国内感染が起きている。

二一世紀半ばまでに予測される気候変動は、主に既存の健康上の問題を悪化させることで人間の健康に影響を与えるというのがＩＰＣＣの見解だ。

産業革命前と比較して四度上昇による健康への影響は二度上昇のときの倍以上となり、極端な暑熱による死亡率の増加、幼年期の栄養と成長などへの影響、感染症の増加などとして現れる。四度上昇に近づくにつれ一部の地域では年間の特定の時期に高温かつ多湿となることが、農作業や野外労働など通常の人間活動の障害となると予測されるという。

日本では熱中症による死亡者数は、一九九三年以前は年平均六七人だったが、それ以降急速に増え、記録的な猛暑となった二〇一〇年には過去最多の一七三一人に達した。その後、減ったものの、二〇一三年は一〇七七人の死者が出た。都市域ではヒートアイランド現象によって周辺地域より高温になっていることが死者が多く出る原因の一つという。環境省によると、熱中症による死亡リスクが二一世紀末には約二・一～三・七倍に高まるという深刻な見通しになっている。

サンゴ礁の三分の一が消えた

生態系ではすでにサンゴ礁への影響が目立ち、一九九〇年代以降、世界のサンゴ礁の三分の一が破壊されたという。世界銀行の報告書は、サンゴの褐虫藻が抜け出す白化現象と海洋酸性化、海面上昇が重なって一・五度の気温上昇でもサンゴ礁の存在を脅かすとみている。四度上昇に達する前にも、サンゴ礁生態系全体の地域的な絶滅が起こり、サンゴ礁をすみかとしている動植物や、サンゴ礁に食料や収入、観光業、海岸線の保護を依存している人々に重大な影響を与えるという。

世界有数のサンゴ礁、オーストラリア北東沖に二三〇〇キロメートル以上にわたって伸びるグレートバリアリーフは四度以上の気温上昇で特にリスクが高いとされ、これから試練の時期を迎える。日本沿岸の熱帯・亜熱帯サンゴ礁についても厳しい見通しがIPCCから示された。

二〇二〇~三〇年代に半減し、二〇三〇~四〇年代には消失するという予測だ。「おもな生態系の中でサンゴ礁が最初に絶滅するだろう」という科学者の見方が現実化しつつある。

生物多様性が非常に高いアマゾンの熱帯雨林も気候変動の影響が避けられそうにない。森林は干ばつや火災によって大きな影響を受けるが、世界銀行の報告書は、アマゾンでは産業革命前から一・五~二度上昇する二〇五〇年までに森林火災はほぼ倍増し、四度上昇ではさらにもっと厳しいものになるとしている。熱帯雨林が一度破壊されれば、元に戻すのは難しく、生物多様性や現地の人々の暮らしに重大な結果を招く。

いまの気温上昇に生物がついていけない

気温が上昇すれば、陸上の生物は北へ、高地へと移動する。生息できる場所を求めて一〇年間で何十キロも移動する哺乳類もいるが、いまのような気温上昇のペースについていけない種が少なくない。

特にほとんどの植物は短期間では分布域を大きく変えられず、気温上昇が急なら絶滅する可能性がある。海洋でも生物の分布域が水温の低い海へと移動しているが、その移動速度には限界がある。地球の歴史の中でも急激な温暖化が、生態系にとって応答できない状況を作り出している。日本で桜の開花時期が早まっているのも生態系への影響の一つだと言えるだろう。

ＩＰＣＣは、温暖化の影響で地域や分野にまたがって起きる八項目のリスクの中に「漁業を支える海洋生態系の損失」「自然の恵みをもたらす陸域や内水生態系の損失」を挙げ、このまま温室効果ガスの排出が続いて世界の平均気温が最大近くまで上昇した場合、生物の大量絶滅など深刻な未来が待っていると警告する。

実際に世界の森や川、海では自然破壊が起こり、生物進化史上かつてないほどの勢いで生物多様性の脆弱化が進行する。気温の上昇が著しい北極ではホッキョクグマ、セイウチ、アザラシなどの生存が脅かされている。地球上ではこれまで恐竜を絶滅させた六五〇〇万年前など生物大量絶滅が五回起きているが、現在進行中の六回目の生物大量絶滅に温暖化が一層拍車をかけるだろう。生物の大量絶滅は生物に全面的に頼る人類にとって大きな脅威である。

5　大都市をのみ込みかねない海面上昇

海面は一九センチ上昇している

温暖化に伴う海面水位の上昇は我々の生活に最も大きな影響を与え、最も目に見えるものではないか。

IPCCの報告書は二一〇〇年までに二六~八二センチ海面が上昇するとの控えめな予測を出しているが、「そんなものでは済まない」「何かきっかけがあれば海面は急上昇する」という見方が専門家の間には根強い。近い将来、ニューヨークやロンドン、東京といった大都市が海面下に沈んでしまうことも起こりかねない。

二〇世紀以降、地球の海面は一九センチ上昇したが、なぜ地球が暖かくなると海面が上昇するのか。よく知られているように、海に浮かんだ氷は解けても海面は上昇しない。だから北極海の氷が解けても何事も起こらない。だがグリーンランドや南極の巨大な氷床、各地の山岳などの氷河が解ければ、海面は上昇する。

現存する氷河の三五~八五%が今世紀末までに失われるという予測があるが、いまはこうした氷の融解による影響よりも、海水温の上昇に伴う海水の体積膨張が海面上昇により多く寄与している。水は摂氏四度で体積が最も小さくなり、それを超えれば膨張する一方だからだ。

海面上昇で名古屋市が大被害!

IPCCによると、大規模な港湾施設や石油化学・エネルギー関連産業を抱える都市は、特に洪水の増加によるリスクに脆弱だ。二〇七〇年代までに海面が〇・五メートル上昇と仮定すると、リスクのある人口は三倍以上に、資産のリスクは一〇倍以上に増加する可能性がある。

現在と二〇七〇年における人口と資産の沿岸洪水によるリスクの上位二〇都市のランキングを見る

と、アジアのデルタ地帯が集中し、資産リスクの上位二〇都市に東京、大阪・神戸が含まれるという。二〇五〇年の世界一三六の沿岸都市の水害による被害額を推定した欧州の研究グループによると、日本では名古屋市が最大の被害を受ける。

途上国で海面上昇に特に脆弱な都市は、モザンビーク、マダガスカル、メキシコ、ベネズエラ、インド、バングラデシュ、インドネシア、フィリピン、ベトナムにあると世界銀行の報告書は指摘する。小さな島国と河川のデルタ地帯にとって、海面上昇は特にサイクロンなど熱帯低気圧の強度増加と結びついて広範囲に重大な結果をもたらすという。太平洋のツバル、キリバス、バヌアツ、フィジー諸島、マーシャル諸島、インド洋のモルディブなどは以前から「海面が上昇すれば国がなくなってしまう」と強い危機感を持っており、この懸念はますます現実のものになりつつある。

日本では仮に海面が一メートル上昇すれば、海岸浸食も進んで全国の砂浜の九割が消失し、海面上昇に備えて海岸や港を補修するには最低でも二〇兆円かかるという試算が出ている。

地盤の高さが満潮水位以下となる海抜ゼロメートル地帯の面積も東京などで大幅に増える。アジア開発銀行（ADB）は、日本国内では海面上昇により沿岸部の土地を失うなどして二〇五〇年までに約六万四〇〇〇人が移住を強いられるという試算をまとめた。関連するコストは七八億ドルという。

南極氷床融解で六〇メートル上昇

IPCCは二一〇〇年までに二〇世紀末と比較して気温が四・八度（産業革命前からだと五・四度）上がっても海面上昇は最大八二センチとみているが、仮にグリーンランドや南極の氷床が大量に

海面上昇に危機感を持つ太平洋の島国

解け出せば、とんでもないことになる。グリーンランド氷床が全部解ければ海面は約七メートル上昇し、南極の場合は何と六〇メートルのアップにつながる。「そんなことは、あと一〇〇〇年はない」という見方もあるが、過去に氷床の大規模融解と海面上昇が急激に進んだことが知られており、油断はできない。

クライメート・セントラル驚愕の発表

海面上昇に関してびっくりするような予測が二〇一五年一一月に示された。米国の非営利研究団体「クライメート・セントラル」が発表したもので、産業革命前と比較して気温が四度上昇した場合、海面上昇は八・九メートルに達し、世界で六億二七〇〇万人の住む地域が海に沈んでしまうという。中国では一億四五〇〇万人、オランダは人口の六七%、マーシャル諸島は九三%が影響を受ける。

日本では人口の四分の一にあたる三四〇〇万人の住む地域が海面より下になり、東京では七五〇万人、大阪では六二〇万人が該当する。一〇〇〇万人以上に影響が出る都市は中国の上海や天津、バングラデシュのダッカ、インドのコルカタなどだという。なぜかＩＰＣＣの予測とはかけ離れていることがよく分かる。

海抜一メートル以下に住む人は世界に約一億五〇〇〇万人いるという。温室効果ガスの排出がたとえ止まっても、その後、長期間にわたって海面上昇は続くことが分かっている。東京湾の東沿岸などに昔の人々の生活の名残である貝塚が数多く知られているが、気候が暴走すると、縄文時代に温暖化によって海が広く陸地まで進出した「縄文海進」が再び起こることを頭に入れておきたい。当時なら海が徐々に迫ってくるのをしり目に、わずかな人々がのんびりと高台に移住することで済んだのだろうが、人口が急増し、科学技術文明が発展した現代では人々の生活の場がそっくり奪われてしまう。

6　海洋酸性化と海水温上昇も怖い

海の酸性度は二六％も上昇

イメージしやすい海面上昇の陰に隠れてあまり注目されないが、温暖化によって海洋酸性化と海水温上昇が着々と進み、生物への影響や温暖化への跳ね返りが心配されている。我々が排出し続けるCO_2は陸上だけでなく、海にも大きな変化をもたらしつつあるのだ。このままでは地球表面の七割を占める海が大変なことになる。

海は人間が排出したCO_2の三割を吸収してきた。大気中のCO_2濃度が高まると海水中に溶け込むCO_2の量も増え、海洋の酸性度が徐々に高まっていく。そうすると貝類や甲殻類、ヒトデ、ウニ、サンゴ、プランクトンなど海に生息する多くの生物が影響を受け、海の生態系にも取り返しのつかない変化が現れる。海洋生物は海水中のカルシウムイオンと炭酸イオンを利用し、水に溶けにくい炭酸カルシウムの殻や骨格を作って生活している。ところが、海洋酸性化によって水素イオンが増えると、炭酸カルシウムの殻や骨格を形成することが困難になるほか、殻などが溶けてしまう恐れがあるのだ。酸性化が生物の代謝や酵素活性を乱すことも指摘されている。

水の酸性度を示すpH（水素イオン指数）で見ると、いま海水は8・1だ。よく知られているようにｐＨ７が中性で、それより高い値がアルカリ性、低いほうが酸性となる。

つまり現在の海水は弱いアルカリ性を示す。アルカリ性ではあっても、徐々に酸性側に向かっているから「海洋酸性化」という言葉が使われている。

ＩＰＣＣの報告書によると、産業革命前から現在までに世界的に表層海水のｐＨは０・１低下した。数字上は８・２から８・１へのわずかな変化だが、酸性度は二六％高まったことを意味する。日本の気象庁は気候変動の解明や今後の予測のため観測船の航行ルートを決めて海洋観測を続けているが、東経一三七度、北緯三〇度の冬季で最近一〇年間にｐＨは約０・０２低下したという。

海洋酸性化の問題にやっと気づき始めた

このところ海洋酸性化の研究が世界的に進み、将来的に大きな問題になることが一段とはっきりしてきた。酸性化によって海洋のCO_2吸収能力が低下し、結果的に大気中に残るCO_2が増えて温暖化の加速につながるともいわれている。

これから何も対策を打たなければ、海はどんどん酸性化し、今世紀半ばにはｐＨ８・０に、今世紀末までには７・８に低下するというのがＩＰＣＣの見立てだ。二一〇〇年には産業革命前から一五〇％も酸性側に傾くことになる。専門家の間には「ｐＨ７・８あたりで海の生態系は崩壊を始める」という見方がある。我々が無策のままなら、世界の海洋酸性化は地球の歴史で並ぶものがないほど異常な事態になる。

海洋酸性化に伴う経済損失は徐々に増え、二一〇〇年までに年一兆ドルを超える恐れがあるとする報告書を国連生物多様性条約事務局がまとめた。

水産資源の提供や観光で世界の約四億人の生活を支えるサンゴ礁が大きな打撃が受けることを中心に試算したもので、報告書は「（サンゴ礁以外の）海岸などでの被害を加えれば損失額はさらに大きくなる」としている。酸性化がサンゴ礁以外にも広く海洋生物に影響を与えることを考えれば、損失はとんでもない額になるだろう。

深海でも海水温が上昇

海水温も高まっている。海洋表層（〇～七〇〇メートル）で水温が上昇したことはほぼ確実であり、三〇〇〇メートルから海底までの層で海洋が温暖化した可能性が高い、とＩＰＣＣ報告書は指摘する。いつもの慎重な見方だが、海洋は過去四〇年間に温暖化によって気候システムに蓄積されたエネルギーの九〇％以上を占め、六〇％以上は海洋表層に、三〇％以上は海洋の七〇〇メートル以深に蓄積されているという。三〇〇〇メートルより深いところでも水温が上昇している可能性が高いというのは新しい見解だ。

世界全体で平均した海水温の上昇率は一〇〇年あたり〇・五一度に対し、日本近海では二倍以上の一・〇八度というデータも示された。

また、最悪の場合、二一世紀末には地域によって海面から深さ一〇〇メートルまでの水温が二度以上上昇する可能性があるという。海水温上昇は海の生態系に影響を与えるほか、海流の変化などで大規模な異常気象を招き、台風の大型化につながる可能性がある。海洋が暖まれば、接している大気を暖めるなど、地球温暖化を加速する方向に働くことも忘れてはならない。

温暖期に海洋無酸素事件

過去に海洋の中層や深層に溶けている酸素濃度が非常に低下するという「海洋無酸素イベント」が何度も起きていることが知られている。まだ詳しいメカニズムは解明されていないが、白亜紀だけでも五、六回生じているなどかなり普遍的な現象のようで、温暖期に発生する傾向がみられるという。

海洋の酸素が減れば海の生物の生存が危険にさらされる。急激な温暖化が海洋無酸素イベントに結びつかないかという心配が出てくる。

多くの生命をはぐくみ、気温の平均化や気候の安定にも深くかかわる広大な海。その海に地球温暖化がさまざまな異変をもたらしている。気候が暴走に向かって進めば、海は日ごろの穏やかな姿を一変させ、絶滅を強いられる海洋生物が後を絶たないだろう。

7 数億人の気候難民が発生する

アラスカ先住民の移転

中東やアフリカなどで国家秩序の崩壊に伴って発生した難民がドイツをはじめヨーロッパに押し寄せ、大きな国際問題になっている。

二〇一五年だけでも非合法に欧州入りした難民や移民は約一一〇万人に達したという。

スロベニアに押し寄せた難民（出典：Wikipedia）

地球温暖化によって干ばつや洪水がたびたび起こり、水や食料不足に拍車がかかれば、途上国でより多くの気候難民が発生することは避けられない。今度は欧州だけでなく、米国や日本を目指す人々が出てくるだろう。

ＩＰＣＣの報告書によると、温暖化が関係した沿岸の浸食によってアラスカ先住民が住む三一の村は「差し迫った脅威」に直面している。三一村のうち、少なくとも一二村は部分移転もしくは完全移転の開始や、移転の決断を行ったという。

米アラスカ州西端の島、シシュマレフの住民は海岸の浸食などによって住みにくくなり、一〇年以上前から「温暖化による最初の気候難民」と呼ばれていた。

中部太平洋のキリバス出身の男性が移住先ニュージーランドで、「母国に帰国すれば海面上昇で生命の危機に直面する」と難民資格を申請したことが報じられ、注目を集めた。

人口約一一万人の大半が海抜二メートル以下の土地で暮らすキリバスでは、海面上昇で海岸の一部が浸食され、飲み水や農業用水に使う地下水に塩水や下水が流入する問題が発生している。国として存続できるか分からず、キリバス政府は「尊厳を持った移住」を目指して国民の技能訓練に力を入れる。キリバスとその南東に位置するツバルでは、移民受け入れ協定によって住民がそれぞれ「毎年七五人」という枠内でニュージーランドに移住している。

アジアで大量の難民発生!?

国土の三分の二が海抜五メートル未満のバングラデシュは、洪水に悩まされただけでなく、サイクロン、干ばつ、竜巻、地すべりなど数え切れないほど自然災害を経験してきた。国土の半分以上が洪水にさらされることもある。

同国にとってやっかいなのは、モンスーンの強まりと氷河の融解が同時にやって来ること。このためガンジス川やブラマプトラ川の流量がぐんと増え、破壊的な洪水になってしまう。

今後は洪水の回数が増え、しかも洪水時の水位がさらに高まることが予想される。海面上昇やサイクロンの巨大化が大きな不安材料なのだ。

温暖化が進めば、バングラデシュで気候難民として集団移住を迫られる人は数百万人に達すると予測されている。隣国インドも似たような状況に置かれ、食料事情の悪化や水不足などによる難民発生が懸念される。そのインドがバングラデシュの周りに全長三四〇〇キロメートル、高さ二・五メートルのフェンスを建設中だが、バングラデシュからの難民流入を阻もうという意図ではないかと受け取られている。

ベトナムは温暖化に世界で最も脆弱な国の一つである。海面上昇や、耐塩性の植物群落であるマン

インドはバングラデシュとの国境沿いにフェンスを建設中だ

グローブの伐採などにより海岸浸食の大きな脅威にさらされている。

　南部の世界有数の穀倉地帯であるメコンデルタ一帯は特に浸食が進み、海水流入で井戸が使えなくなるなどの被害が出ている。ベトナム政府の試算では、温暖化によって二一〇〇年に海面上昇が一メートルに達すれば、メコンデルタの最大四〇%が失われるのに、その対策は十分ではない。

　人々の暮らしができなくなれば、気候難民が続出する。一方、ただでさえ政情が不安定な中国チベット自治区では平均気温が世界平均の二倍の速度で上昇し、氷河の減少が続く。小規模な氷河は姿を消しており、今後の水不足への懸念が高まっている。

一〇億人が故郷を追われる試算も

アフリカ東部や中東では砂漠化が進むほ

か、干ばつや洪水の異常気象が多発している。二〇一五年一二月のCOP21（国連気候変動枠組み条約第二一回締約国会議）ではアフリカ・ジブチのゲレ大統領が「このまま対策を取らなければ、温暖化により異常な高温で人が生きられなくなる。国民は異常気象との闘いを強いられている」と演説した。中東やアフリカでは紛争が絶えず、いまでも欧州や北アフリカを目指す難民が後を絶たないが、これに大量の気候難民が加わろうとしている。

これまで「世界中でどのぐらいの気候難民が発生するか」ということがよく議論になり、広く受け入れられてきたのは二〇五〇年までに二億人という概算だ。

何事につけても慎重なIPCCの報告書も「二一世紀末までに温暖化による海面上昇などでアジアを中心に数億人が移住を余儀なくされる」と予測する。そうした一方で「温暖化によって二〇五〇年までに一〇億人が古里を追われる」と推定するNGOもある。

未経験の人口移動に国際社会は対処できるのか

これらの数字をどう見るか。

一八四〇年代に湿気の多い肌寒い天候の影響があってヨーロッパに広がったジャガイモ疫病はいわゆる「アイルランドのジャガイモ飢饉」を招いた。その際に一五〇万人以上が亡くなったほか、アイルランドから約一〇〇万人が移民として米国に渡った。今回も同じぐらいの人々が難民として欧州に向かった。

今後、気候変動でこれらの数百倍もの発生が予測される気候難民に、国際社会はどう対処するのだろうか。二〇一五年一一月にパリで起きた同時多発テロには、過激派組織「イスラム国」（ＩＳ）に影響を受けた移民二世が関与しており、移民や難民への警戒感は高まっている。人類が経験したことのない大量の難民移動に伴って世界のあちこちで摩擦やあつれきが生じ、紛争に発展する恐れがある。

8　極度に不安定化する世界

未曾有の社会不安

気温の上昇が産業革命前から四度を超えて気候の暴走が始まれば、世界中で激しい熱波や干ばつ、暴風雨、洪水が頻発する。

水や食料不足が深刻になり、人間の健康や生態系に大きな影響を与える。海面は著しく上昇し、海洋生物にとっては耐えがたいほど海水の酸性度が増していく。小さな島国の中には海面下に沈む国も出てくる。

飢餓状態の気候難民が少しでも条件のいい土地を目指して世界のあちこちで移動を始める。しかもそれぞれの事柄が互いに影響し、増幅し合うという懸念もある。

控えめなＩＰＣＣの報告書でさえ、四度以上の上昇で「広範囲に不可逆的な影響が起こる」「かなりの生物種の絶滅、世界的及び地域的な食料不安、人間活動に対する制約、適応の可能性が限られることが含まれる」と指摘しており、まさに世界がかつてないほどの異常事態に陥るだろう。

さらにＩＰＣＣ報告書は「二一世紀中の気候変動によって、人々の強制移転が増加すると予測されている。気候変動は、貧困や経済的打撃といった十分に裏づけられている紛争の駆動要因を増幅させることによって、内戦や民族紛争という形の暴力的紛争のリスクを間接的に増大させる。多くの国々の重要なインフラや領土保全に及ぼす気候変動の影響は、国家安全保障に影響を及ぼすと予想される」と述べ、気候変動が国家安全保障にかかわってくることを強調している。

国際的な対応が不可欠

「テロとの戦いと温暖化との戦いを分けることはできない。我々が立ち向かわなければならない二つの大きなグローバルな挑戦だ」

同時多発テロが起きたばかりのパリで、厳戒態勢下で開かれたCOP21の開会演説でオランド仏大統領はこう述べた。同大統領は温暖化による飢饉や水不足のリスクを強調し、「温暖化は紛争を引き起こし、より多くの難民を生む」とも強調した。

温暖化がもたらす異常気象や海面上昇は途上国や貧困な人々を直撃する。それが大量の難民を発生させ、紛争にまで発展する。さらなるテロの温床にもなるだろう。温暖化といま国際社会が直面するテロは、二一世紀の世界が抱える共通の課題であり、一国だけでは対応できないという考え方は共感を持って受け取られた。

温暖化がテロや紛争を生む

温暖化がテロや紛争の土壌を生み、国家の安全保障にもかかわってくるという考え方は米国などで以前から強かった。そして政策として気候変動と安全保障問題を初めて関連づけたのは英国だ。二〇〇六年に当時のベケット外相が「気候が不安定化すれば、政府が経済・貿易・移民問題・紛争処理・貧困などへの対応で国民に十分な責任を果たせなくなる」として、気候安全保障を英国外交の重要課題にすると発表した。

翌年、国連安全保障理事会でそのベケット氏が議長となって気候の安全保障をめぐる公開討論を行った。安保理が気候変動問題を取り上げたのは初めてだった。気候変動シナリオは米国をはじめとした国々で国防計画策定に大きな比重を占めるようになった。そしてテロを引き起こす過激派組織「イスラム国」の台頭でテロの脅威と温暖化の脅威が結びつき、共通の世界的課題として関心を集めるようになった。

これから食料不足による飢饉、大量の難民、そして紛争や戦争がもたらす世界的混乱が起こる可能性が強い。紛争の絶えないアフリカは気候変動による影響をも最も受けやすい地域だ。これまでのように中東が火種になることが考えられるし、カシミール地方のシアチェン氷河の融解などが絡んで水資源確保をめぐってインドとパキスタン間で抗争が激化するという見方もある。

温暖化で北極の氷が減少してきたことによる北極海をめぐる争いが激しくなり、いつ紛争に発展するかも知れない。新たな居住可能地域を求めて中国がシベリアに、米国がカナダに武力侵攻するといった物騒なシナリオも話題になっている。水や食料だけではなく、温暖化問題と密接に関係するエネルギーをめぐる争いも懸念される。

危惧される米中の対立

こうした状況で最も危惧されるのが二大強国となった米国と中国が決定的に対立、冷戦状態に陥ってしまうことだ。

いま気候変動対策で共同歩調を取る米中が真正面から対立すれば、世界の勢力は二分され、軍事的対立から核戦争の脅威すら現実のものになりかねない、と指摘されている。各国が一堂に会した国際交渉は成り立たなくなるから肝心な温暖化対策などどこかに行ってしまい、それこそ気温上昇、海面上昇に歯止めがかからなくなる。

水や食料不足の激化で世界の人口が激減する可能性も指摘されている。当面は世界の貧困国や食料の安全保障が確保されていない国のリスクが最も高いが、日本をはじめ先進国も決して安泰ではない。気候変動はいまや安全保障上の最大の脅威となりつつあり、人類の生存が脅かされている。我々が大量のCO_2を出し続けながら向かっている「気候が暴走する未来」は、過去や現在とはかけ離れたものになるだろう。

第二章　何が暴走の背景にあるのか

1　CO_2の増加が止まらない

問題はCO_2の上昇スピード

いまの地球温暖化の特徴は簡単には、「過去に例のないスピードで大気中のCO_2（二酸化炭素）濃度が増加している」ということになる。数億年前の古生代前半にはCO_2濃度が現在より一〇倍も二〇倍も高かったから、いまのCO_2濃度が地球の歴史の中で高いというわけではない。しかし、その上昇の割合は急速であり、それが問題なのだ。

英国での産業革命は世界に先駆けて一八世紀半ば以降に始まった。それまでのCO_2濃度はほぼ二八〇ｐｐｍ（一〇〇万分の一の単位）に保たれていたが、現在では四〇〇ｐｐｍ（〇・〇四％）を超えてしまった。教科書ではCO_2の大気中濃度がずっと〇・〇三％とされてきたが、〇・〇四％への修正を余儀なくされた。

この二五〇年余の間に二八〇ｐｐｍから四〇〇ｐｐｍへと一・四倍以上に増えた。しかも一九七〇年までのCO_2累積排出量と一九七〇年から二〇一〇年までの排出量はほぼ同じであり、一九七〇年以降の排出量がエネルギー需要の伸びで急増したことが分かる。

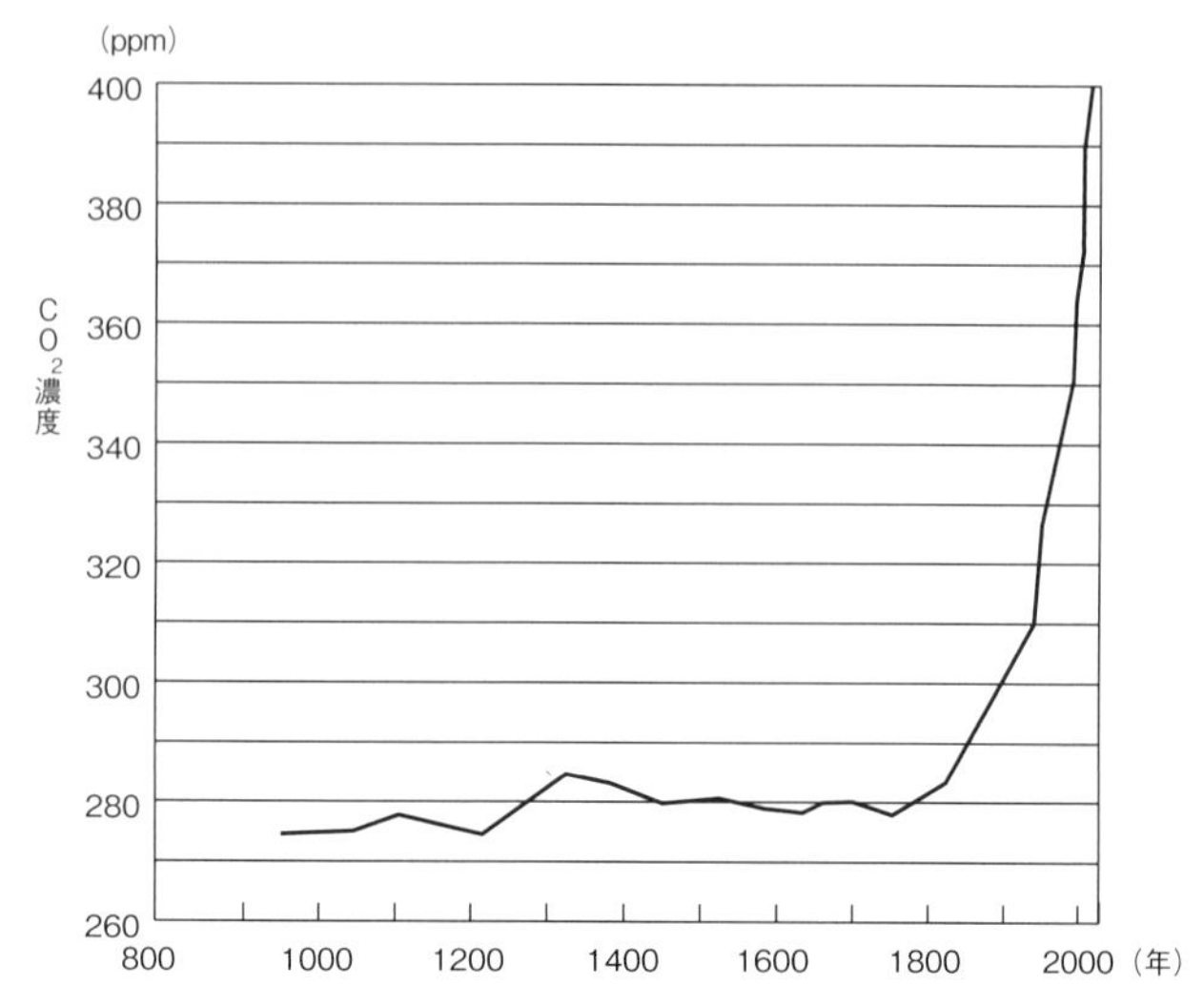

CO_2濃度の経年変化（南極氷床コアの分析結果などから）

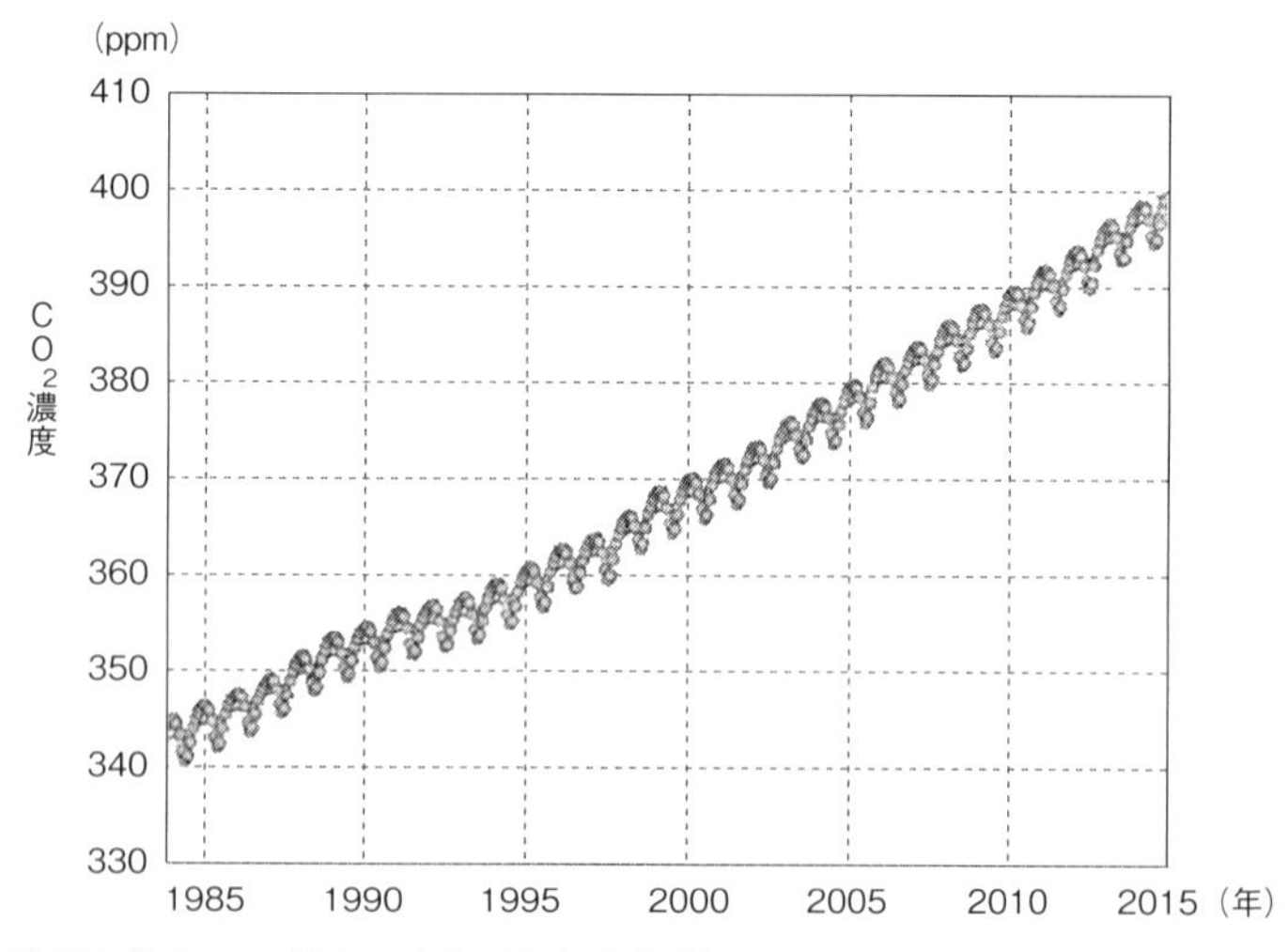

地球全体のCO_2濃度の変化（気象庁作成）

二〇一四年までに全体がまとまったIPCC（気候変動に関する政府間パネル）第五次評価報告書も「累積CO_2排出量は過去四〇年間で約二倍に増加した。一七五〇年から二〇一〇年までの人為起源の累積排出量の約半分はこの四〇年間に排出された」と指摘した。

これまでは先進国からのCO_2排出が大半を占めていたが、最近では中国やインドが位置するアジアからの排出が目立っている。

現代は氷河時代

びっくりする人が多いかも知れないが、現在はグリーンランドや南極に巨大な氷床があり、氷河時代に属している。氷河時代は厳寒の氷期と比較的暖かい間氷期が繰り返し訪れ、いまはその間氷期にあたる。

過去八〇万年間の大気中CO_2濃度の推移は氷床を地下深くまでくり抜いた柱状試料（氷床コア）の分析でほぼ再現されているが、氷期・間氷期の同じようなサイクルが何度も繰り返される中で、はるか一万年以上前の最終氷期から現在の間氷期に移行する際にはCO_2は一〇〇〇年で二〇ppm程度増加した。これに対し、いまは一〇年で同じ程度増加している。

つまり、これまで最もCO_2濃度の上昇が顕著な氷期から間氷期への移行期の一〇〇倍ものスピードでCO_2が増えており、年に二ppm上昇というスピードがさらに加速することが避けられそうにないのだ。

CO_2は主に石炭、石油、天然ガスなどの化石燃料の使用による排出と、森林伐採や土地利用の変化による排出の二通りの方法によって大気中に出ている。この人為起源のCO_2排出は、自然起源として知られる火山活動による排出の三〇〇倍にも達するという。

排出されるCO_2の総量ものすごいが、出すスピードが速いのがもっと問題であり、いまや大気中CO_2濃度は過去八〇万年で一番高いレベルに達している。たぶん、数百万年さかのぼっても最も高いとみられる。

排出されたCO_2の三割は海に吸収されるなど、すべてが大気中に蓄積されるわけではないが、それでもCO_2濃度は増え続ける。そして人類がこれまで経験したことのない高濃度のCO_2が気候変動をもたらし、人間社会や生態系に大きな影響を及ぼしつつある。

CO_2四〇〇ppmの空気を吸う

地球温暖化の原因となる温室効果ガスにはCO_2以外にメタンや一酸化二窒素、フロン類などがあって、メタンや一酸化二窒素の大気中濃度も増えつつある。これらを全部足してCO_2濃度に換算すると現在四五〇〜四七〇ppmになる。

追加的な排出削減策がなければ、二一〇〇年には温室効果ガスはCO_2換算で七五〇〜一三〇〇ppmに達するというのがIPCCの見方であり、世界の平均気温は二〇世紀末よりも二・六〜四・八度上昇してしまう。気候の暴走状態に限りなく近づくことになる。

米国のチャールズ・D・キーリング博士が太平洋の真ん中にあるハワイ島のマウナロア山で長年CO_2濃度の観測を行っており、一日平均のCO_2濃度が四〇〇ppmを超えたのは二〇一三年五月九日のことだった。観測を始めた一九五八年は約三一五ppmに過ぎず、キーリング博士がCO_2の増加に気がついた時は、年間増加量は一ppm以下だったが、いまや二ppmほどになっている。地道な観測結果が温暖化の異常さを示す重要な科学的根拠となった。

ハワイのCO_2濃度が大台に達してから五カ月後の二〇一三年一〇月、世界が協力して地球温暖化に立ち向かおうという気候変動枠組み条約のクリスティアナ・フィゲレス事務局長はロンドンでの講演で「皆さん、深呼吸してください。我々は人類史上初めてCO_2濃度四〇〇ppmの空気を吸っている。いまこそ温暖化防止の行動を」と強く訴えた。このままではCO_2五〇〇ppmの大気を人類が吸うようになるまで、それほど時間がかからないだろう。

2　顕著な気温上昇

平均気温、記録更新中

大気中のCO_2をはじめとした温室効果ガス濃度の急上昇に伴って、世界の地上平均気温もじわじわと上がっている。IPCCによると、一九八六年〜二〇〇五年の期間は産業革命前と比べて平均気温は〇・六一度上昇した。そして二〇一二年までだと〇・八五度の上昇とされ、単純計算ではさらに〇・二四度上昇した。

また、米海洋大気局（NOAA）などの速報によると、二〇一五年の世界の平均気温は、観測記録の残る一八八〇年以降で最も高く、産業革命前からの気温上昇は一度を超えたとみられる。二〇一四年も観測史上最も高かったと発表されており、二年連続して記録を更新した。このところの気温上昇が顕著で、あっという間に産業革命前からの気温上昇が一度に達してしまった。

一時的に気温が横ばいのハイエイタス

実は気温上昇が順調に続いてきたわけではない。一九一〇年ごろから一九四〇年代半ばにかけて気温は上昇したが、その後一九七〇年代までは上昇せず、下降傾向を示す期間もあった。

このころ「地球が寒冷化する」という説が専門家から示され、マスコミも頻繁に寒冷化を取り上げるなど大きな話題になった。

一九八〇年代から再び上昇に転じ、最近の三〇年は一九世紀後半以降のどの年代よりも暑かったが、次第に上昇は鈍り、二一世紀に入ると気温は一〇年当たり〇・〇三度上昇とほぼ横ばい状態となった。

この現象はハイエイタス（中断）と呼ばれ、温暖化懐疑論者は「人間が出すCO$_2$で温暖化が起こっているという説はやはり間違いだ」と勢いづいた。しかし二〇一〇年、二〇一四年に続いて二〇一五年も平均気温は過去最高を記録したようで、再び気温上昇のピッチは上がってきた。

ハイエイタスが起こったのは広大な海に原因があると考えられている。CO$_2$などの温室効果によって地球に蓄えられるエネルギーの九割以上は海に吸収される。地上の平均気温に反映される地表のエネルギー吸収分はごくわずかなのだ。

そして今回のハイエイタスは、海が吸収したエネルギーが海洋の深いところに運ばれる自然の仕組みが活発だったため、地上気温に大きな影響を与える海洋表面の水温があまり上昇しなかったため起

	2081～2100年	
シナリオ	平均	可能性が高い範囲
低位安定化シナリオ	1.0	0.3～1.7
中位安定化シナリオ	1.8	1.1～2.6
高位安定化シナリオ	2.2	1.4～3.1
高位参照シナリオ	3.7	2.6～4.8

四つのシナリオで予測された世界の平均気温の変化
（1986～2005年平均からの差、℃）

こったとみられている。

深海に運ばれた熱が海洋表面に戻ってくる可能性が指摘され、それが最近、温暖化の勢いが再び増した理由だという見方がある。海まで含め地球全体としてみれば、温暖化傾向は途切れることなく続いているとみるのが妥当だろう。

四つのシナリオで予測

今後の気温上昇はどうなるのだろうか。ＩＰＣＣの第五次評価報告書では、今後の温室効果ガス排出量や大気中濃度などを推測して四つのシナリオを使っている。排出量の少ないものから順に低位安定化シナリオ、中位安定化シナリオ、高位安定化シナリオ、高位参照シナリオと呼ばれる。

厳しい排出削減策を取る低位安定化シナリオなど最初の三つのシナリオは今後の気候政策を考慮に入れ、四つ目の高位参照シナリオは通常では考えにくい非常に高い排出を想定している。

その結果、二一世紀末までの世界平均気温の上昇量は二〇世紀末（一九八六年～二〇〇五年平均）に比べ、低位安定化シナリオでは〇・三～一・七度、中位安定化シナリオで一・一～

二・六度、高位安定化シナリオ一・四～三・一度、高位参照シナリオ二・六～四・八度となる。

高位参照シナリオは気候政策を考慮に入れないいわば架空のシナリオとなるが、それでもこれだけの気温上昇となる意味は大きい。

よく使われる「産業革命前からの上昇量」は〇・六度足して三・二～五・四度となる。日本でも環境省の研究班が二〇一四年三月、このまま温室効果ガスの排出量が増え続けると、日本では平均気温が二〇世紀末に比べ三・五～六・四度高くなると発表し、担当者は記者会見で「日本の亜熱帯化」という言葉を使って異常な事態を表現したほどだった。

数年で一〇度上がった時があった

いまから数万年前の最終氷期には、グリーンランドで局地的に数年から一〇年という時間スケールで気温が一〇度も上昇するという急激な温暖化が起こったが、世界の平均気温がそれだけ変化したというわけではない。今世紀末までに予想される地球全体で四、五度の上昇というのは、現代人はもとより人類にとって全く経験したことがない。

異常気象を超えた極端現象の頻発、水や食料不足、生態系の破壊、海面上昇など恐ろしい時代が待ち受けている。そんなとんでもない事態を我々が化石燃料の大量消費によって人為的に引き起こす可能性があるのだ。

3　人口・エネルギー消費の増加と森林破壊

五五五〇億トンのCO_2が排出された

CO_2をはじめとする温室効果ガスの排出量が増え、気候変動をもたらしている原因は何なのか。それは世界の人口増加に伴ってエネルギー消費量が次第に増え、生活のために各地の森林も伐採されているからだ。極めて明白である。

一八世紀半ばに英国で産業革命が始まってから二〇一一年までに人類が排出したCO_2の総量は、炭素（C）に換算して五五五〇億トンとされる。

このうち約三分の二の三七五〇億トンは石油など化石燃料の燃焼やセメント生産によって大気中に排出され、残りの約三分の一にあたる一八〇〇億トンは森林伐採など森林の減少に伴う排出だ。大気中に残留したのは全体の約四五％の二五〇〇億トンで、残りは海洋に一五五〇億トン、陸域の生物圏に一五〇〇億トン吸収されたと見積もられている。これでいま最大の悪役であるCO_2の大ざっぱな動きをつかめるだろう。

我々はさまざまな活動によって大量のCO_2を排出し続け、全体として化石燃料燃焼・セメント生産による排出分の割合が増えている。

人口の変遷

温暖化を考える時に避けて通れない世界の人口の変遷を見てみよう。

紀元前八〇〇〇年くらいまでは、人々の健康状態は悪く生活条件も厳しかったため世界人口は一〇〇〇万人を超えることはなかったと考えられる。キリストが生まれた西暦元年ころ三億人だった人口は一九〇〇年には一六億人と比較的ゆっくりしたペースで増えた。

二〇世紀に入ると状況は大きく変わった。人口増加のテンポは速まり、一九二七年に二〇億、五〇年に二五億、八七年に五〇億、九九年に六〇億、二〇〇六年に六五億、そして二〇一一年には七〇億人に達した。中でも一九五〇年から二〇〇〇年までの五〇年間に人口は二・五倍に増え、一九五〇年以降は「人口爆発」と呼ばれるようになった。

一八〇四年に一〇億人だった人口が、その後一〇億人ずつ増えるのにどのぐらいかかったかを見ると、一二三年、三三年、一四年、一三年、一二年、一二年とだんだん短くなっている。

ここに来てようやく世界の人口増加率は鈍ってきており、最も高かった一九六〇年代の年二・二％増から七〇億人に達した二〇一一年は一・二％増に落ちている。

それでもこれだけ大規模な人口増加は、人々が食料やエネルギーを求めて化石燃料を利用したからこそ可能だった。現在の人口増加のほとんどは貧困に苦しむ途上国の分だが、途上国で生を受けた人たちは当然ながら豊かな生活を求めるようになった。どの国も農村の人口収容力は限られるため、人々は仕事を求めて都市を目指し、都市は次第に巨大化した。各国とも人口増によりエネルギー消費や経済規模は拡大の一途をたどっている。

石炭火力の比重増す

世界のエネルギー消費量は人口増加をはるかに上回るペースで増え続けている。薪に代わるエネルギー源として石炭を掘り出した人間は、その石炭を利用して産業革命を成し遂げた。二〇世紀には使いやすい石油や天然ガスへの依存度が高まったが、特に第二次世界大戦後の一九五〇年ごろから、人口の急増とともに石油使用量はうなぎのぼりとなった。

さらに一九五〇年代から原子力が登場した。原子力は化石燃料と違って発電時にCO_2を排出しないものの、安全性の問題がクローズアップされた。一九七〇年代の二度のオイルショックや価格上昇を経て、石油消費にある程度のブレーキがかかったが、国際的に化石燃料に依存する体質は変わらない。最近は価格が安くてCO_2排出量は多い石炭火力の比重が日本をはじめ、中国やインドなどの途上国で増している。

肉食文化の影響と森林伐採

世界の穀物生産量が増えるとともに、多くの国が家畜を大規模に飼育し、その飼料も広大な畑で生産するようになった。一カロリー分の肉を得るのに、その何倍ものカロリーを使っている。人口が増える途上国が先進国並みにエネルギーを消費し、肉をたくさん食べるようになったらどうなるのか、という新たな課題が突きつけられている。

CO_2排出のもう一つの要因となる森林破壊が世界的にとめどなく続き、最近は熱帯雨林の被害が著しい。

世界一の熱帯雨林を誇るブラジルのアマゾン川流域では、すぐに収益に結びつく牧畜や大豆栽培などのため樹木の伐採が急速に進んでいる。何とか手を打とうとブラジルは「アマゾンの森林伐採防止・管理行動計画」を導入するなど、森林伐採率八〇％削減の目標を掲げているが、「二〇五〇年にはアマゾンはCO_2の吸収源としての機能を大幅に低下させる」というシミュレーション結果が英国の研究機関から示された。

アマゾンと並んで熱帯雨林の破壊が深刻なのは東南アジアだ。

農地への転用や商業伐採、過放牧などが原因だが、価値の高いラワン材などを得るため、他の木々も切り倒して熱帯雨林をつぶすことまで行われている。中でもインドネシアでは熱帯雨林の面積が急激に減少し、同国にとって熱帯雨林の保全が重要課題となっているが、対策は遅れている。

二〇世紀後半以降、我々の生活を支えるため大量のエネルギーが使われ、森林の伐採が行われてきた。「エネルギー消費が多いほど高い文明、よい文明」という意識も浸透した。それが間違っていたからこそ、いま人類は気候変動問題に直面している。

4 排出規制しても気温上昇続く

高い評価のパリ協定

気候の暴走を防ぐため、我々はこれから大変な努力をしなければならない。

大量のCO_2を排出する化石燃料の使用を極力抑える一方で、太陽光発電や風力発電、地熱発電などの再生可能エネルギーを増やし、省エネ・節電にも一層努める必要がある。

しかし、再生可能エネルギーの利用が急激に増えていても、すぐに化石燃料に取って代わる状況ではない。「原子力の推進を」という声も経済界を中心に根強いが、二〇一一年三月の東京電力福島第一原発事故が世界に大きな衝撃を与え、原子力が日本はもとより世界の主流になる可能性は低いだろう。

二〇一五年一二月にパリで開かれたCOP21（国連気候変動枠組み条約第二一回締約国会議）で、温暖化対策の新たな国際枠組みであるパリ協定が採択された。一九九七年に日本で日の目を見た京都議定書では先進国のみが温室効果ガスの排出削減の義務を負ったのに対し、パリ協定によって二〇二〇年以降は途上国を含むすべての国が排出削減に取り組むことになった。ずっと対立してきた先進国と途上国が何とか共同歩調をとることになったため、「歴史的な一歩」と高く評価する声が上がる。

実際にパリ協定では、世界の平均気温を産業革命前と比較して二度よりも十分低く抑え、さらに海面上昇の影響を直接受ける島しょ国への配慮から一・五度に抑えるための努力を追求すると述べている。産業革命前から二〇一五年までにすでに一度上昇しているから、もはや〇・五～一度しか余裕はない。この厳しい目標を達成するため、「今世紀後半に人為的な排出と吸収を均衡させる」と強調した。つまり、「実質排出ゼロ」を目指すというのだ。

実現可能な目標なのか

世界の人口とエネルギー消費が増え続け、途上国が先進国並みの豊かな生活を求めようとする中で、二一世紀中にCO_2などの温室効果ガスの排出をゼロにすることなど本当にできるのだろうか。

しかもパリ協定では、各国の削減目標の達成を義務化していない。多くの科学者は「二度未満の達成はとても無理」と見ており、パリ協定に「夢物語ではないか」と疑問符をつける見方が少なくない。二〇五〇年までの早い時期に産業革命前からの気温上昇が二度を突破し、パリ協定が破綻してしまう可能性だって十分ある。

もう一つ気にかかることがある。国際的な排出抑制が成功し、温室効果ガスの実質排出ゼロに向かって進んだとしても、一〇〇年や一〇〇〇年もの長期間にわたって不可逆的な気候変化を引き起こしてしまうと考えられるのだ。

もっと具体的に言えば、仮に早い時期に実質排出ゼロになったとしても、その時の温室効果ガス濃度に地球が追いつくまでに数十年はかかり、実質排出ゼロから二〇年ほどの間に世界の平均気温はさらに〇・六度ほど上がるだろうと専門家はみている。これまで続いた温室効果ガス排出の履歴が将来の必然的な気温上昇をもたらす、と理解すればいいだろう。

待ち受けるのは気候の暴走……

これまでの国際交渉の経過からも分かるように排出抑制が軌道に乗るまでにはこれからかなりの時間がかかる。三〇年や四〇年では済まないかも知れない。パリ協定でも実質排出ゼロの実現を今世紀後半に予定している。その分の昇温に加えて、さらに〇・六度の上昇が待ち受けるわけだ。産業革命前からすでに一度上昇しており、そうすると気温上昇は到底二度未満には収まらず、最低でも三、四度上昇は避けられなくなってしまう。いよいよ気候の暴走が待ち受けることになる。

温室効果ガスの排出抑制はそう簡単なことではない。それに加えて、気温上昇や海面上昇につながる南極やグリーンランドの氷床の減少、永久凍土やメタンハイドレートの融解によるメタンの大量放出、アマゾンの熱帯雨林の急激な減少といった不測の事態が起こる可能性もある。まさに我々はいま、地球の気候を守れるかどうかの瀬戸際に立たされている。

5　極域で進む急激な変動

気温上昇が激しい北極圏

気候変動が世界のどんな場所よりも急激に進むのが北極圏だ。北極の平均気温が二〇世紀の間に三度上昇した。過去数十年では北極の平均気温は世界の他の場所の二倍のペースで上昇し、氷が解けることでホッキョクグマ、セイウチ、アザラシなどが追いつめられている。氷河も広い範囲で解け始め、凍結しているのが常だった永久凍土層の融解も進んでいる。こうした急激な変化の原因を調べると行き着くのは海氷だという。

通常は太陽光をよく反射する北極圏の雪や氷が解けると、今度は黒っぽい色のため太陽エネルギーをかなり吸収してしまう海面や地面が姿を現し、温度が急激に上がっていく。氷がなくなると気温上昇の効果が増幅すると考えれば分かりやすいだろう。その結果、地球上で最も寒い場所の一つで気温が最も上昇するわけだ。

北極の気温上昇には、北極の大気に水蒸気が少ないことも関係する。水の温度が高いとたくさんの砂糖が溶けるのと同じように、大気は温度が高ければ高いほど多くの水蒸気を含むことができるが、北極の大気はごく低温だから保持できる水蒸気量は少ない。

このためCO^{2}などの温室効果でもたらされるエネルギーが水分の蒸発には使われず、主に空気を暖めることに使われる。これによって北極（南極もそうだ）では熱帯などよりも温暖化によって昇温しやすくなる。

気温が上がるから北極海の海氷は解けつつある。人工衛星による観測データからも一九七八年以降、北極海の氷は明らかに減少傾向を示している。北極海では海氷面積が二月末に最大、九月半ばに最小という季節変化を示すが、一九八一年から二〇一〇年までの三〇年平均では最大が一五七〇万平方キロメートル、最小が六五〇万平方キロメートルだった。それが二〇一二年には最小が三三五万平方キロメートルにまで減少するなど、夏から秋にかけての海氷面積が急激に減っている。IPCCの第五次評価報告書でも「一九七九〜二〇一二年に北極圏の海氷面積は一〇年あたり三・五〜四・一％減った可能性が非常に高い」としている。

二〇四〇年には北極海の氷が消える

いつごろ北極海の氷がなくなるのか。複数の気候モデルによるシミュレーションでは、追加の排出削減対策を行わない場合、北極の気温は今後一〇〇年で四〜七度上昇し、北極海では二〇四〇年以降に季節によって氷がまったくないか、それに近い状態になるという結果が出た。二〇四〇年には夏から秋にかけて北極海から氷がなくなってしまうとの予測に対し、「控えめな計算結果であり、もっと早まる可能性が強い」という声が気候科学者の中では強い。「北極海に一片の氷も残らないXデーは二〇三七年」という説もある。北極海から夏に氷がまったく姿を消すのは、少なくとも過去五〇〇〇年では初めてのことになる。

米政府は二〇一五年八月末に北極圏の保護と開発をテーマにした国際会議をアラスカ州アンカレジで初めて開き、オバマ大統領は「北極は気候変動の最前線だ」と演説した。

同大統領は海氷の消失や森林火災の増加など深刻化する北極圏の現状を紹介し、各国が温暖化対策で足並みをそろえるよう訴えた。北極圏は世界の石炭埋蔵量の四分の一を占めるなど資源開発の面でも脚光を浴びており、資源開発で先行するロシアをけん制する狙いも秘めた国際会議だった。

南極の氷は増えている?

北極圏に位置するグリーンランドでも氷河の後退や、厚さが平均二キロメートルに達する巨大な氷の塊である氷床の融解が進んでいる。二〇一二年七月にはグリーンランドの氷床表面の全面融解が観測された。海面上昇の面でも注目されるのがこのグリーンランドと南極の氷床の行方だ。これまで確かな観測結果がなかったが、IPCC第五次報告書では両方の氷床が解けて縮小していると結論づけた。

ところが、米航空宇宙局（NASA）の研究チームは二〇一五年一一月、一九九二年から二〇〇八年までの間、南極の氷は増えたことが人工衛星による観測で分かったと明らかにした。

氷床表面の高度の観測データによると、一九九二年から二〇〇一年にかけて氷は年間一一二〇億トン増加し、二〇〇三年〜〇八年にかけてはそれより鈍るものの年八二〇億トン増となった。南極大陸西部の南極半島などでは他の研究結果と同じで減り続けているが、西部の内陸部や東部ではそれ以外の減少分を上回る勢いで増えていたという。

気候変動に密接に絡む南極の氷床の実態は気になるが、NASAのチームは「南極西部での減少ペースが現状のまま続くと、全体としても二〇〜三〇年後には減少に転じるのではないか」と解説している。南極では気温の上昇傾向が強い南極半島の巨大な「ラーセンB棚氷」と呼ばれる棚氷が崩壊するなど、棚氷や氷床の異常が目立っていた。

チベット高原などの氷河も縮小

極域に異常が現れるだけではなく、「世界の尾根」と呼ばれるチベット高原、そのすぐ南側にあるヒマラヤ山脈、アルプス山脈、南米大陸最南端のパタゴニア、アフリカ最高峰のキリマンジャロなどの氷河も温暖化で縮小を続けている。こうした氷河の融解が洪水や水不足などを招く可能性があり、温暖化が人々の暮らしにとって現実の脅威となっている。

温暖化と北極や南極、山脈・高原の関係を考えるとき、キーワードは氷だろう。氷の行方は気候に大きな影響を与える。南極には地球上の氷の九〇%が存在し、その氷がすべて解けると大変なことになる。

6　永久凍土やメタンハイドレートはどうなる

気候の時限爆弾

地球の気候にとって時限爆弾と考えられているものが二つ存在する。

一つは北半球の高緯度地帯のツンドラ（凍土帯）やその南に位置するタイガ（針葉樹林帯）に広く分布する永久凍土。

もう一つは世界各地の深海底に存在するシャーベット状の氷の化合物メタンハイドレートである。メタンを含み、火をつけると燃えるため「燃える氷」とも呼ばれる。永久凍土には、埋もれた植物に起因するCO_2のほか、メタンがやはりメタンハイドレートとして含まれている。メタンは一分子あたりCO_2の二〇倍以上の温室効果をもち、不気味な存在である。気温が上昇すれば、永久凍土も海底のメタンハイドレートも解け出して、温暖化を一気に加速する可能性が指摘されている。

永久凍土はシベリアだけでなく、カナダやアラスカなど、北半球の大陸の面積の四分の一近くに存在するとされる。場所によっては厚さが数百メートルもある永久凍土は大量のCO_2とメタン（CH_4）を含んだいわば炭素の貯蔵庫であり、その量に関しては炭素換算で「七五億～四〇〇〇億トン」「一兆五〇〇〇億トン」といった推計が出ている。かなり隔たりがあるが、もし後者が正しい場合、大気中の炭素量の二倍に達し、永久凍土の一〇%が解けただけで大気中CO_2の八〇ppmの増加に相当するという。西シベリアの沼沢地だけでも凍結したメタンが七〇〇億トンという推計もある。

深さ七五メートルの不気味な大穴

温暖化によって永久凍土の質は落ちており、シベリア全体で大気中に放出されるメタンは毎年一〇万トンに達するという推計も出ている。西シベリア・ヤマル地方のツンドラで二〇一四年に直径約三七メートル、深さ約七五メートルの穴など巨大な穴が四個発見され、研究者の間では「永久凍土が解け、メタンガスの圧力が地中で高まって爆発した」との説が有力だという（朝日新聞二〇一五年七月一九日付朝刊）。

一方で最近の大気中のメタン濃度の増加はむしろ収まってきており、永久凍土の融解が加速してきたとは考えられないという見方もある。

いずれにしろ温暖化が進めば、永久凍土から大量のメタンが放出され、それが温暖化を加速するという悪循環に陥るわけだから、永久凍土の監視は怠れない。ＵＮＥＰ（国連環境計画）は二〇一二年にまとめた報告書で、現在から二一〇〇年までに世界の平均気温が三度上昇すれば北極では倍の六度上がり、地表付近の永久凍土の三〇～八五％が失われる可能性があると指摘している。

タイガでは針葉樹林などの樹木が気温上昇の緩衝地帯の役割を果たすが、温暖化と乾燥化が重なって森林火災が多発している。そのために地表面の温度が上昇し、永久凍土を融解させる事態も起きている。シベリア全体は針葉樹林があってCO_2の大きな吸収源とみられてきたが、森林火災や大量伐採でいまや放出源になったという見方がある。アラスカでも永久凍土の融解に加えて針葉樹林の火災が深刻化している。

破局につながるメタン放出

海底のメタンハイドレートは、深海のバクテリアによって持続的に生産されたメタンが海底に沈殿し、凍結したもので、深海の高圧化で安定している。しかし、温暖化で水温が上昇すると、不安定化して突如としてメタンを解き放つ傾向がある。北米、中米の両岸、日本の南海トラフ（小さな海溝）など世界各地の深海底に炭素換算で合計五〇〇〇億～一〇兆トンのメタンハイドレートが存在すると推計され、貴重な天然ガス（メタン）資源である一方で、温暖化にとっては危険な存在となっている。

深海底のメタンハイドレートからの破局的なメタン放出が気温上昇の引き金になり得ると考えられるようになった。最終氷期が終わりを迎えた一万五〇〇〇年前に短期間に気温が急上昇したのもメタン放出が原因という説が登場し、ノルウェー北東端の沖合のバレンツ海海底で見つかったメタン大量放出の跡がこれに関連する可能性があるという。

温暖化が起こった場合、その温暖化を抑えるように働く負のフィードバック効果とともに、温暖化を加速して気候の暴走につながりかねない正のフィードバック効果の両方が知られている。次に詳しく述べるが、温暖化による永久凍土やメタンハイドレートからのメタン放出は典型的な正のフィードバックとなる。メタンは大気中の酸素と反応してCO_2と水になるため、大量のメタン放出によって大気中の酸素濃度が下がり、動物の生命維持に影響を与えかねないという問題もある。

7　不気味な正のフィードバック効果

絶妙なバランスがくずれるとき

もしCO₂やメタン、一酸化二窒素、水蒸気などの温室効果ガスが大気中になかったとすると、地球の地上平均気温は氷点下一八度まで下がり、冷え切った世界になってしまう。

実際の平均気温は約一五度だから、差し引き三三度分は温室効果ガスによってもたらされている。しかも、この平均気温一五度という安定した状態はこのところ長く続き、人間は快適な生活を送ることができた。まさにCO₂をはじめとした温室効果ガスのお陰である。

では、なぜ気候が安定していたのか。逆に言えば、なぜ気候が暴走することはなかったのだろうか。

その役割を担っているのは負のフィードバック効果と呼ばれるものである。提唱者の名前を取ってウォーカー・フィードバックとも呼ばれている。もし負のフィードバックがなければ、地球の気候は大きく変動するだろう。温暖化が始まるとどんどん気温が上昇して生物が住めないような高温状態になる。金星がいい例だろう。

逆に気温が下がるとさらに下がっていき、地球全体が凍りつく全球凍結状態になってしまう。実際に地球は全球凍結状態に陥ったことがある。

気候の安定に負のフィードバック

負のフィードバックの例を挙げよう。地球の温度が上がれば上がるほど、地球はたくさんの赤外線を宇宙に放射して冷えようとする。CO_2の濃度上昇による地球温暖化は岩石の風化作用を促進し、それによって過剰のCO_2が消費され、寒冷化に向かう。このほか海が温かくなると雲が発生して太陽光を反射し、海を冷やすといったことも起こる。こうした負のフィードバックが気候の安定の根底にある。

正のフィードバック効果もたくさん知られている。北極では温暖化によって部分的に氷が解けると露出した海面が太陽光を吸収して水温を上げ、温暖化が進んでさらに氷が解けやすくなる。気温が上がると海水温も上がり、海に溶け込んでいたCO_2が大気中に出てきて一層気温を上げる。温室効果によって大気が暖まると大気中の水蒸気量が増えるが、水蒸気も温室効果ガスなのでさらに温室効果を強めるように働く。これには水蒸気フィードバックという名前がついている。

温暖化で永久凍土や深海底のメタンハイドレートが融解して温室効果ガスのメタンが放出されるのも代表的な正のフィードバックだ。温暖化によって土壌細菌の活動が活発化して枯れ葉や動物の死骸など有機物の分解が進み、大気中のCO_2濃度が増えていく。湿原植物などが元になった泥炭が分解し始め、CO_2濃度が増える、といったことも起こる。

実は正のフィードバックは気温の上昇、低下のどちらの方向にも働く。寒冷化して地球の水が凍結して氷になると、氷は太陽の光を反射するため結果としてさらに寒冷化し、ますます氷ができやすくなる。行き着く先が全球凍結だ。これは氷の反射率（アイスアルベド）が高いことで起こるためアイスアルベド・フィードバックと呼ばれている。

「正」が一気に勝ると

地球上では気温をめぐって正負のフィードバックのせめぎ合いが行われている。通常は「地球は温度が上がればより多くの赤外線を出す」という働きを中心とした負のフィードバックが、さまざまな正のフィードバックを足し合わせた効果よりも勝っているため、温暖化が暴走することはなく、気候は安定に保たれる。

しかし、現在の気温上昇は過去に人類が経験したことがないほど急激で、二一世紀末には現在よりも四、五度上昇する可能性すらある。だから永久凍土やメタンハイドレートの融解など正のフィードバックが一気に勝って、気温上昇に拍車がかかるかも知れない。

また、岩石の風化作用などの負のフィードバックが有効に働くのは、あくまで数十万年以上の時間スケールであり、いまの温暖化のように数年〜数十年程度の期間では有効には働かないことも重要な点だろう。まだ知られていないメカニズムが温暖化を加速する事態も想定され、安心しているわけにはいかない。

主役はやはりCO_2

大気中に存在する温室効果ガスのうち、三三度も地球の気温が高くなった分の多くを担っているのは水蒸気だ。

気温が上がれば海水の蒸発で水蒸気が増え、ますます気温が上がるのだが、大気中に存在できる水蒸気の量は限られている。

これに対しCO_2はいくらでも増えることができ、風化作用などによる調節もきく。いまの温暖化の主役はやはりCO_2なのである。地球がもともと備えていたウォーカー・フィードバックを脅かそうとしているのが人間による急激な温暖化であり、不気味な正のフィードバックが負のフィードバックより優勢になろうとしているのではないか。

8　いつ臨界点を超えるのか

転覆したカヌー、伸びきったバネ……戻らない地球環境

気候のシステムは徐々に変化するものではなく、きっかけさえあれば急に変わるという性質を持っている。異なった気候状態の間で唐突に変わることがあるのだ。

そしてその突然変わる点はティッピング・ポイントとか臨界点、転換点と呼ばれる。

身近な例に置き換えると、例えばカヌーはちょっと揺れただけではすぐ安定した状態に戻るが、臨界点を超えてしまうと元の状態に戻れず、転覆してしまう。バネも引っ張りすぎると元に戻らず、だらりと伸びてしまう。人間社会ではバブルの崩壊で株価が大暴落するようなものだろう。

地球温暖化が進むと負のフィードバックの抑制がきかなくなってさまざまなところで臨界点を超え、温暖化の加速に歯止めがかからなくなる。例えば太陽光を反射していた北極海の海氷がある程度以上

解けると、今度は太陽エネルギーを十分吸収して海水の温度は劇的に上がるようになり、さらに海水の融解が進んでいく。永久凍土や深海底のメタンハイドレートの融解もさらに温暖化を加速し、悪循環に陥る。

このような不可逆性を伴う、つまり元に戻らないような大規模な事象はティッピング・エレメントと呼ばれ、グリーンランドや南極の氷床の不安定化、海洋大循環の停止なども含まれる。それぞれ未解明な部分が数多くあり、さらに研究が必要だが、温暖化が急激に進むいま、その深刻さを十分考慮に入れておく必要がある。

気候システムの一部としてはそれ以外にも、海面水位や生態系、アマゾンの熱帯雨林の減少なども臨界点に達することがある。あまりに速く物事が進むと正のフィードバックにスイッチが入り、通常なら一〇〇〇年もかかるようなことが一〇年や二〇年で起こってしまうのだ。いまの温暖化で心配されているのはまさにそういうことである。

たった二度が臨界点

臨界点については「気候全体の暴走が始まる点」と捉えるのではなく、あくまで気候システムの一部が元に戻れないほど大きく変化し、歯止めがかからない状態に達することと考えるのがよいだろう。

世界の平均気温の上昇が二度を超えると社会にきわめて深刻な問題が生じると予測されるため、産業革命前からの気温上昇を二度未満に抑えるという目標が国際社会で合意されたが、この「二度」も一つの臨界点とみなすことができる。

つまり温暖化が高じて気温上昇が二度を超えると、そう遠くないポイントで北極海の海氷、永久凍土や深海底のメタンハイドレート、グリーンランドの広大な氷床、西南極の氷床などの状態が次々と臨界点を超え、温暖化の加速に歯止めがかからなくなって最終的に急激な気候変動、気候の暴走に至ってしまうと考えられる。

気候変動問題の世界的権威である米国のジェームズ・ハンセン博士は二〇〇八年六月に米国議会で「気候はいまや臨界点に近づきつつあり、これを超えると大気の状態に手に負えない破壊的変化が生じる」と証言して注目を集めた。

臨界点を超えた最近の出来事

各種のティッピング・エレメントが臨界点を超え、ほぼ全地球規模で急激な気候変動を招いた例は過去に幾つも知られている。代表的な例は数万年前の最終氷期に起こった急激な温暖化とその後の寒冷化（ダンスガード・オシュガー・イベント）や、最終氷期から現在の間氷期に差し掛かった際の「寒の戻り」とされる急激な寒冷化（ヤンガー・ドリアス期）などである。つい最近でもこうした大異変が知られており、温暖化の進行が桁外れに速いいま、気候の未来に関心が集まるのは当然のことだろう。

臨界点以外にポイント・オブ・ノーリターン（後戻りがきかな地点）という言葉も使われる。それを超えるともはや後戻りできず、大幅かつ急激な気温の変化に世界が対処を迫られる点、といった解釈がなされ、臨界点とほとんど同じような意味で使われることもある。

一方で、例えば世界が気温上昇を二度未満に抑えようと努力している場合、対策が思うように進まずに一・五度を超えてしまったら、一気にCO_2排出を抑えてもしばらくは気温の上昇は止まらないため二度を超えることがもはや避けられないとすると、この一・五度をポイント・オブ・ノーリターンと呼ぶという解釈もある。

もうすでに臨界点を超えた!?

臨界点やポイント・オブ・ノーリターン、正のフードバックなどに関する研究はまだまだ初期の段階であり、分からないことが多い。臨界点に達してしまうまで自分がどこにいるか分からないとも言われる。「地球生命圏全体の臨界点はいつか」といった使われ方もする。いずれにしろ、地球の気候システムは近いうちにさまざまな臨界点を超え、気候の暴走へと突き進む恐れが十分にある。臨界点リストのトップ3は①北極海の海氷の減少②グリーンランド氷床の融解③西南極氷床の融解――という見方もある。永久凍土や深海底のメタンハイドレートの融解、海洋大循環の停止にも注意を怠れない。

北極海の海氷の減少については「もうすでに臨界点を超えたのではないか」という見方も示されている。あとひと押しが加わると、正のフィードバックが優勢となって気候や海面上昇が大変なことになる可能性が十分にある。気候全体を臨界点に追いやって生命圏に深刻な影響が出る前に、CO_2の排出を極力抑えることが重要なのである。

第三章　人類を何度も襲った急激な気候変動

1　荒れて不安定な気候の最終氷期

氷河時代を繰り返してきた

我々人類はいま、氷河時代の中の間氷期に生きている。グリーンランドや南極に氷河よりも規模がずっと大きな氷床が存在しているから立派な氷河時代である。

実はこれまで氷河時代、氷河期、氷期、間氷期などの言葉が混乱して使われてきた。最近では、地球上のどこかに氷河が存在する時代を氷河時代といい、その中で北半球が氷床や氷河による氷に広く覆われる寒い時期を氷期、氷床や氷河がグリーンランドや南極、一部の山間部に限られる時代を間氷期と呼ぶことが多い。本書もこれに従い、氷河期という言葉は使用しない。

地球史的にはこれまで一〇回の氷河時代があったとされている。最も古いのは二九億年前ごろのポンゴラ氷河時代で、二二億年前ごろまでにさらに三回氷河時代があったというが、四回とも仮説上のものと位置づけられる。その後一四億年程度は氷河時代の痕跡はまったくなく、非常に温暖だったと考えられる。

証拠が残るものの中で一番古いのは七億二〇〇〇万年ほど前のスターチアン氷河時代だ。その後は温暖期と氷河時代を交互に繰り返し、氷河時代に関してはマリノアン氷河時代、ガスキアス氷河時代、古生代のオルドビス紀氷河時代、同じく古生代のゴンドワナ氷河時代の四つの氷河時代を経て約三四〇〇万年前から現在の新生代後期氷河時代に入っている。

たった数年で大規模な変化が起きていた

約二六〇万年前に始まった新生代第四紀の氷期・間氷期サイクルは当初は約四万年周期の変動を繰り返した後、一〇〇万年前ごろからは大まかに言って一〇万年周期の変動となっている。

一〇万年周期のうち氷期が間氷期より長くなるケースが多い。この一〇万年周期では、CO_2（二酸化炭素）を主とした温室効果ガス、氷床量、気温などが連動して変化しているのが特徴だ。つまり大気中CO_2の量が多ければ気温は高く、氷床量は少ないことになる。氷期に形成された氷床の大きさは約五〇〇〇万立方キロメートルにも達したという。

最後の氷期は約七万年前（約一二万年前とか、約三万年前という説もある）から約一万五〇〇〇年前にかけてで、寒さが最高潮に達した約二万一〇〇〇年〜約一万九〇〇〇年前は現在より気温が最大一〇度も低かったようだ。アジアやヨーロッパ、北米は氷に覆われたところが多く、現在の米ニューヨークは一・六キロメートルの氷の下にあったとされる。海面も現在より一〇〇メートルほど下がってシベリアと北米大陸は陸続きだったという。氷期ではあっても赤道付近は通常は温暖だったことが分かっている。

この最終氷期の気候が荒れて不安定だったことが、グリーンランドの氷床を深く掘削して取り出し

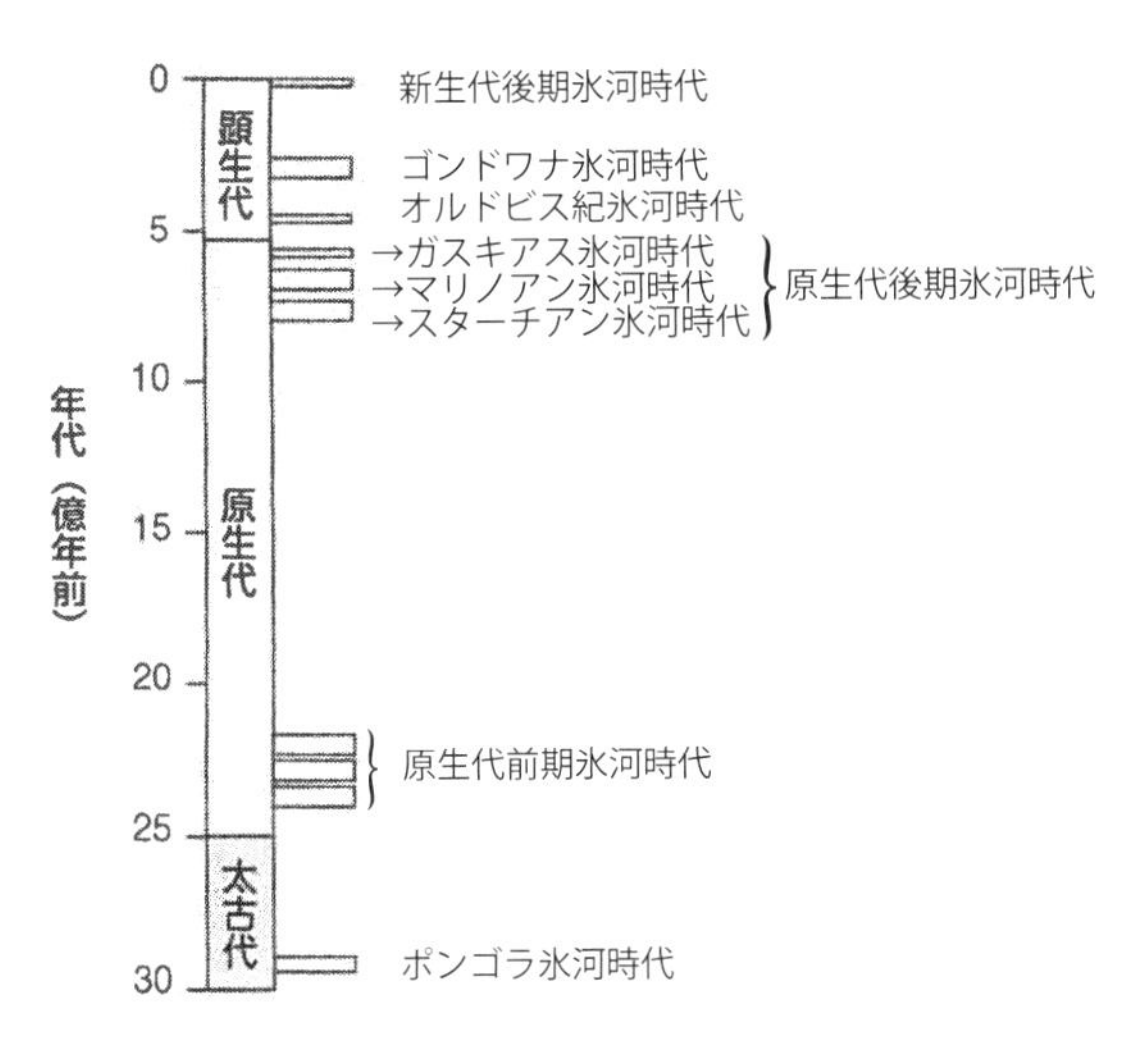

地球史における氷河時代
（顕生代は古生代、中生代、新生代から成る）

た氷の柱状試料（氷床コア）の分析などによって次第に明らかになってきた。氷の酸素の同位体（同じ元素の中で重さの違う原子）比を調べて気温の変動をつかむのだが、グリーンランドでは数百年～数千年の間隔で温暖化と寒冷化の変動を繰り返し、温度変化は最大で一〇度以上に達していた。この変動は発見者の名前を取って「ダンスガード・オシュガー・イベント」と呼ばれるが、専門家をびっくりさせたのは温度変化の大きさだけではなく、その急激さだった。時には寒冷期から温暖期への移行にわずか数年ということもあった。いつ寒冷期や温暖期に移行してもおかしくないという微妙なバランスの上に地球の気候が成り立っていたと考えられる。

気候の安定はむしろ例外

最終氷期の間、気温の変動によって海面も繰り返し大きく上下した。さらに北大西洋の深海底を掘削して得た柱状試料（深海底コア）の分析から、同じ最終氷期に氷床の融解によって巨大な氷のかけらが海洋に広く流れ出て大気や海洋の循環を変え、一時的に急激な寒冷化を引き起こす「ハインリッヒ・イベント」が少なくとも六回繰り返されたことが分かった。こうした激しい気候変動の記録を、古い時代の気候を調べる古気候学者らが一九八〇年代以降次々と見いだし、議論を続けてきた。そして気候は変動を繰り返すのが常で、現在の間氷期のように気候が安定し、人間が文明を発展させることができた時期はむしろ例外であることを確認したのだった。

温暖化の行き着く先を予測

これまで述べてきたように、氷河時代の中に氷期と間氷期という二つの気候モードが存在し、それらが交互に繰り返している。間氷期の気候が安定しているのに氷期の気候が不安定なのは、北米大陸にあったローレンタイド氷床やヨーロッパ北部を覆ったスカンジナビア氷床（北ヨーロッパ氷床）など、拡大したり融解によって縮小したりする氷床や氷河の存在があったからではないかと考えられている。

それなら巨大な氷床がグリーンランドや南極に限られる現在の間氷期は今後、不安定な気候にはならない可能性がある。しかし、いまは過去に例のないような急激な温暖化が起こっており、それが何をもたらすのか、大きな危惧を抱かざるを得ないのである。

最終氷期の研究で「急激な気候変動」が新しい学問分野として脚光を浴び始めた。そして間氷期に現在より温暖な気候が存在したのか、あるいは間氷期でも氷期と同じようなメカニズムによって急激な気候変動が起こりうるのか、といった研究テーマに新たなスポットが当たり始めた。いまの温暖化の行き着く先を予測する上で欠かせない研究なのだが、いずれにしろ氷期の気候変動を詳しく知ることがすべての基礎になる。最も現代に近く、データも多く得られる最終氷期に注目が集まるのはこのためである。

2 急激な気候変動「ダンスガード・オシュガー・イベント」が二四回も

二〇〇〇年周期で起きる気候ジャンプ

これから約七万年〜約一万五〇〇〇年前にかけての最終氷期に起きた急激な気候変動を詳しく見ていこう。まずダンスガード・オシュガー・イベントである。これは周期的に起きていることからダンスガード・オシュガー・サイクルとも呼ばれている。

グリーンランドでわずか数年から数十年ほどで気温が数度〜一〇度以上も上昇するという急激な温暖化と、数百年から数千年かかる緩やかな寒冷化として特徴づけることができる。

温暖化によってグリーンランドは極寒の状態から急速に抜け出し、しばらくそのまま暖かい気候が続いた後、やがて元の氷期の寒さに戻っていったということだろう。規模の小さなものも含めてこうした気候のジャンプが計二四回繰り返され、大ざっぱに言って二〇〇〇年ほどの周期性を持っていた。

ダンスガード・オシュガー・イベントは、二万年前ごろにあたる最終氷期最寒期を含めた数万年の間に起こった。デンマークのウィリ・ダンスガード博士は早い段階から「氷床に含まれる酸素の同位

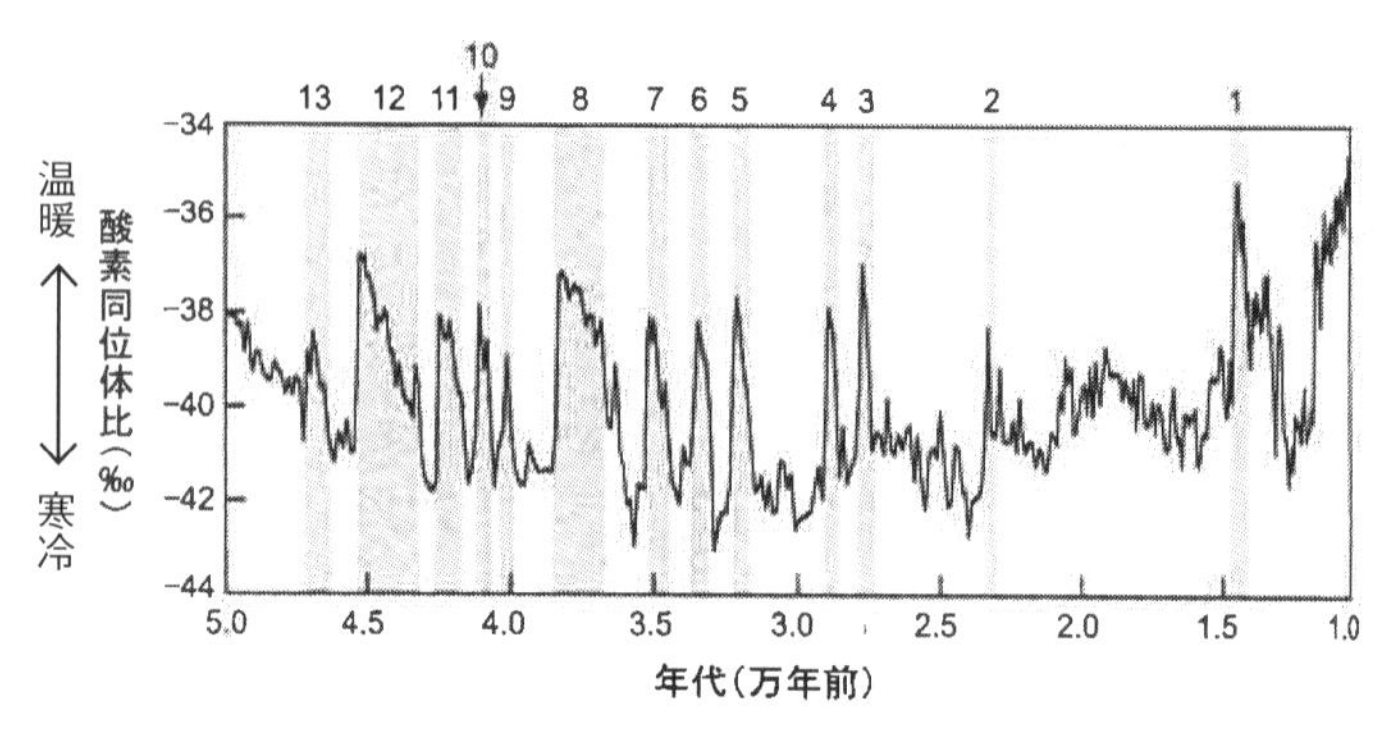

ダンスガード・オシュガー・イベント
（上に記した数字が各イベントに割り振られた番号。何回かのDOイベントをはさんでハインリッヒ・イベントが現れる）

体比を分析すれば面白い結果が得られるのではないか」と目をつけたことが実り、スイスのハンズ・オシュガー博士とともに最終氷期のグリーンランドの気候に重大なイベントが起こっていたことをつかんだ。

数年で最大一〇度もの温暖化というと、一〇〇年で数度の気温上昇が懸念される現在の温暖化よりもスケールが大きいと考えられる。しかし、この一〇度上昇というのはあくまでグリーンランドの氷床の掘削地点周辺でのことであり、世界的に気温が一〇度も上昇したというわけではない。そうではあっても急激な温暖化として詳しく研究すべき重要テーマの一つであり、古気候学者たちの注目を集めている。

影響は世界規模

ダンスガード・オシュガー・イベントについては当初、多くの研究者は北半球の中でもグリーンランドや北大西洋周辺という比較的限られた地域での気候変動だろうと考えたが、そのさまざまな影響は全世界に及んでいたことが明らかになった。

東アジアやインド、北米、北アフリカのモンスーンがダンスガード・オシュガー・イベントと連動して変動した。中国南部や日本海、オホーツク海、アラビア半島東南海岸沖などでは、降水量の増加や海洋の生物生産性の変化といった現象が同イベントと時期的に一致して見いだされた。興味深いことに南半球ではグリーンランドとはおおむね逆の変動となり、グリーンランドの寒冷化ピーク時に南極では温暖化していた。温度変化の程度は南極のほうがずっと小さかったことも分かっている。

グリーンランドで起きた温暖化という気候変動が、そのまま伝わったわけではないものの、遠く離れ気象条件が大きく異なる地点でさまざまな気候・環境変動として現れた。こうした現象は「テレコネクション」と呼ばれるが、気候システムの内部で「北半球と南半球間の熱の分配」が変わったことがきっかけの変動だったと解釈できる。

海洋大循環がカギ

両半球間の熱の分配のカギを握るのは、北大西洋の暖流であるメキシコ湾流を含む海洋大循環と呼ばれるものだ。現在、グリーンランド沖などでは塩分に富んで重く冷たい海洋表層水が沈み込んで北大西洋深層水ができ、その深層水が大西洋を南下し、南極付近で太平洋とインド洋の二方向に分かれるなど、世界の海洋を循環している。

この海洋大循環が停止すると、熱が北向きに運ばれにくくなる。ダンスガード・オシュガー・イベントでは、ベルトコンベヤー役の海洋大循環がオフの状態からオンになったため北大西洋にメキシコ湾流による暖かい表層水が供給され始め、グリーンランドなど北半球高緯度が大きく温暖化した。そして再び海洋大循環が徐々に停止して北半球高緯度が寒冷化に向かうという繰り返しが行われ、その影響が南極にも及んでいたと考えられる。

最終氷期の大きな気候変動にかかわっていた海洋大循環は二一世紀中にかなり弱まると予測されているが、近いうちに突然変化したり、停止する可能性は非常に低いと考えられる。海洋大循環のオン、オフには氷床の成長・崩壊が密接に関連している。

3　先行した大規模な寒冷化「ハインリッヒ・イベント」

深海底で見つかった岩くずの謎

最終氷期に起きたもう一つの急激な気候変動はハインリッヒ・イベントである。これは氷床の大変動がもたらす変動であり、ダンスガード・オシュガー・イベントとも深い関係を持っていることが分かってきた。

ハインリッヒ・イベントは急激な寒冷化であり、最終氷期に八〇〇〇年〜一万年の間隔で六回起こっている。北大西洋の深海底を掘削して取り出した柱状試料（深海底コア）の分析にあたったドイツのハートムット・ハインリッヒ博士は、大きいもので一ミリメートル以上の細かな岩屑（がんせつ、岩くず）が異常に多く含まれる層を計六カ所見つけた。その角ばった岩くずは、周辺の陸地から氷山によって運ばれてきたと考えられ、専門家は「漂流岩屑」と呼んでいる。もともと氷山の底部は、母体である氷河が流れる時に陸地から削り取った岩くずで汚れている。漂流した氷山が解ける際に海に

ローレンタイド氷床とハインリッヒ・イベント

この岩くずを落とし、こうした岩くずが北大西洋一帯に広がっていたのだ。

起源は巨大なローレンタイド氷床

深海底コア中の岩くずを調べると、現在のカナダのハドソン湾に起源があるような石灰岩が多いことが分かり、漂流氷山の元となった氷床は北米大陸を広く覆っていたローレンタイド氷床と考えられた。寒い氷期に氷床がどんどん厚くなると、逃げ場を失った地熱を捉えて氷床は温まり、さらに自重で圧力が増すことによって氷床の底の温度が上がって解け始める。それによって氷床の一部が地すべりのような大規模すべり現象を起こして崩壊し、氷山を生み出すのだ。氷の消滅は、ゆっくりとした融解だけではないのである。

ローレンタイド氷床は最終氷期には厚さが三キロメートル以上もあり、現在の南極とグリーンランドの氷床を足し合わせた大きさだったとされている。この巨大なローレンタイド氷床の北の部分が氷山となって北大西洋に流れ出て、南から来るメキシコ湾流とぶつかったため氷山は融解し、岩くずを落としたと考えられた。各々のハインリッヒ・イベントで流出した氷の量は四〇〇万立方キロメートルに達し、一〇メートルの海面上昇をもたらす量だったという。

六回のハインリッヒ・イベントを示す層の間に量的には少ないもののやはり岩くずが目立って含まれる層があり、ダンスガード・オシュガー・イベントの急激な気候変動の中の寒い時期と対応していた。こちらはローレンタイド氷床には関係ないらしく、アイスランド氷床やスカンジナビア氷床のようなもっと小さな氷床の崩壊が関係していることが分かった。

結論的にはハインリッヒ・イベントの後、数回のダンスガード・オシュガー・イベントが起こるというサイクルが繰り返され、ハインリッヒ・イベントがダンスガード・オシュガー・イベントに先行する格好になっていた。ハインリッヒ・イベントをはさんで起こる数回のダンスガード・オシュガー・イベントでは、最初の温暖化の規模が大きく継続期間も長いが、それに続く温暖化は規模が小さくなるという特徴を持つことも明らかになった。

ベルトコンベヤーがオフに

長期スケールの気候変動としてグリーンランドでダンスガード・オシュガー・イベント、その沖合でハインリッヒ・イベントが起こったのだが、氷山の急激な流出をもたらすハインリッヒ・イベントは実は重大な役割を果たした。氷山が解けて淡水が流入すると、北大西洋の海面から塩分濃度の濃い水が沈み込まなくなり、それによってメキシコ湾流を含む海洋大循環が止まってしまったのだ。ベルトコンベヤーがオフになって北半球で急激な寒冷化が起こった、というのがどうやら真相らしい。

完全に解明されてはいないが、最終氷期の二つの急激な気候変動はともに氷床の成長・崩壊や海洋大循環のオン・オフと大きな関係があることが明らかになってきた。ローレンタイド氷床について計算すると、氷山の流出と停止は約七〇〇〇年の周期となり、ハインリッヒ・イベントの周期に近いことから、ハインリッヒ・イベントはローレンタイド氷床が成長・崩壊を繰り返す現象そのものではないか、と考えられるようになった。

六回のハインリッヒ・イベントの最後のものは深海底コアの一番上の部分にあるためハインリッヒ1と呼ばれており、約一万六〇〇〇年前の出来事だ。ハインリッヒ1に続いてローレンタイド氷床は急速な温暖化を受けて後退した。現在、ローレンタイド氷床の名残としては、後退し始めてから四〇〇〇年後に形成された五大湖などがある。

最終氷期を経て現在の間氷期に至るまでの動きを見る前に、最終氷期の直前にあった一つ前の間氷期の様子を見てみよう。

4　一つ前のイーミアン間氷期の謎

未来の予測に過去を知る

最終氷期が終わって約一万五〇〇〇年前にいまの間氷期に入ると、気候は随分安定したものになった。

人類にとってはこのまま安定な気候が続いてくれればいいのだが、CO_2をはじめとした温室効果ガスの増加による地球温暖化がどんな気候をもたらすのか、危ぶまれている。未来の気候を予測するにはまず過去を知ることが欠かせない。そんな考えから、一つ前のイーミアン間氷期と名づけられた時代の気候はどんな状態だったのかを調べることに大きな関心が集まっている。

イーミアン間氷期については、これまで約一三万年〜約一一万五〇〇〇年前などと専門家の間で言われてきた。ところが最近は約一三万年〜約七万年前とされることが多いので、ここではその説を取りたい。

要するに最終氷期が始まったと考えられる時期が従来より数万年も現代に近くなり、その分イーミアン間氷期の期間が拡大したと考えればいいだろう。地球の歴史をたどるとき、試料の少なさなどからあやふやさが残るのが避けられず、そのぐらいの食い違いや変更はよくあることなのだ。

CO_2低いのに今より三度高かった

この間氷期の気温は現在よりかなり高かったようだ。氷床などの掘削試料の分析からグリーンランドでは三〜五度高く、南極では約六度高かったなどという結果が得られ、全球的に地上平均気温がおおむね三〜五度高かったと考えられる。このためグリーンランド氷床は約三割小さくなったという説が専門家から示された。グリーンランドや南極では氷床がかなり解け、これに伴って海面水位はいまより四〜六メートル高かったことが分かっている。

気温が現在より三度高いのは、大気中CO_2濃度が現在の二倍程度に高まった場合に予測されることだが、当時のCO_2濃度は実際にはいまよりかなり低かったことがはっきりしている。CO_2など温室効果ガスの濃度が低いのに、気温がずっと高いのが実態だったようだ。

なぜこんなことが起こったのか。まだはっきりしない面があるが、地球の公転周期が現在とは異なり、南北両半球とも夏に高緯度地帯で太陽放射が増大した、つまり北極、南極周辺に太陽エネルギーが多く届いたのが原因と考えられている。

安定の中のゆらぎ

それでもイーミアン間氷期の気候は基本的には安定していたようで、その後の最終氷期とは大違いだった。氷期には成長・崩壊を繰り返す氷床・氷河が地球全体に広く存在していたため急激な気候変動を招いたと考えられている。ただイーミアン間氷期には、現在のような気候モード（型）をはさんで、それよりも温暖なモードと寒冷なモードがあり、三つのモード間を変動した可能性が新たに指摘されるようになった。安定の中にもゆらぎがあったということになり、大変興味深い。

これに対し、現在の地球温暖化は大気中CO_2濃度が四〇〇ppmを越えて危険ゾーンに入り、さらに上昇することが確実視されている。イーミアン間氷期に三つの気候モードがあったように、現在の間氷期でも気候がジャンプする可能性がある。大量の化石燃料の消費による温暖化で、人類は安定な気候に安住していることができなくなった。間氷期でも氷期のような気候変動を心配しなければならないのは残念なことである。

温室効果ガスの削減に全力を挙げる一方で、イーミアン間氷期の気候をさらに詳しく知ることが不可欠になっている。そのための努力が現在、古気候学の研究者らによって続けられている。

5 突然の「寒の戻り」ヤンガー・ドリアス期

イギリスの平均気温マイナス五度

約一万五〇〇〇年前に最終氷期が終わって地球が温暖化し始めたときに、「寒の戻り」とも言うべき急激な寒冷化があった。約一万二九〇〇年〜約一万一五〇〇年前にかけて続き、ヤンガー・ドリアス期と呼ばれている。北半球の高緯度地方を中心に起き、特にグリーンランドやヨーロッパに大きな影響を与えた。化石の研究からイギリスの年平均気温は約マイナス五度になったとされ、現在の平均気温は一一度ほどだからその差は歴然としている。いったん脱した氷期に逆戻りしたような感じだった。

この異変が明らかになったのは、同時期の地層にチョウノスケソウ（ドリアス・オクトペタラ）と呼ばれる植物の葉と花粉の化石が大量に含まれることが分かったからだ。キンポウゲによく似た花をつける低木で、いまも極地の草原に群落を作っている。そのチョウノスケソウが当時、極地でないところまで広がっていたことから、地球が寒冷化したことが分かり、その低木の名前を取ってヤンガー・ドリアス期と名づけられた。

地層中のチョウノスケソウの化石からヤンガー・ドリアス期より少し前にも、規模が小さいものの同じような寒冷化が起こったことが分かり、それぞれオールデスト・ドリアス期、オールダー・ドリアス期と呼ばれる。三回の大きな寒冷化が続けてあったうち最も急激な気候変動だったヤンガー・ドリアス期が代表的なイベントとして注目されている。

海の循環が止まる

ヤンガー・ドリアス期を引き起こしたのは、海洋大循環の停止が原因だったとされている。ローレンタイド氷床の動きが原因で最終氷期のハインリッヒ・イベントと同じような現象がまた起こったというのが多くの専門家の考えだった。ところが、ここに来てヤンガー・ドリアス期をめぐる研究が新しい展開をみせている。

北米大陸全体のこの時期の地層から黒色の帯のようなものが確認され、それがイリジウムを含む粒子のほか、磁性をもつ球状粒子、木炭、すす、ごく小さなダイヤモンドなどであることが明らかになった。いずれも宇宙から飛んできた天体がもたらしたものと考えるとつじつまが合うことから、約一万二九〇〇年前に北米大陸に巨大隕石か彗星が衝突して大規模な森林火災が発生した可能性が出てきたのだ。天体が衝突した跡のクレーターが確認されていないため、ローレンタイド氷床に衝突したか、その上空で爆発したという考えまで出されるようになった。

もう一つ奇妙な一致がある。ちょうどこのころ、北米でマンモスなど多くの大型動物が絶滅し、最終氷期にシベリアから移住してきた人びとが築いたクロービス文化と呼ばれる石器文化が滅んだ。しかも大型動物の骨やクロービス文化の石器が見つかるのは、黒色を帯びた層の下の部分からだという。

隕石落下が寒冷化の原因？

こうしてローレンタイド氷床が天体衝突によって大規模に解け出して急激な寒冷化であるヤンガー・ドリアス期が到来し、大型動物が絶滅すると同時にクロービス文化も滅んだというストーリーが浮かんだ。天体衝突が急激な寒冷化を招き、マンモスも先住民の文化も滅んだのが事実とすれば、興味をそそられる。これまで闇の中にあったクロービス文化消滅の謎の解明にも一歩前進しそうで、さらなる研究の進展が待たれるところだ。

ヤンガー・ドリアス期は農業の起源とも関連する、と考えられている。最終氷期から間氷期に向かう際の温暖化によって世界の大陸に森が広がった。

西アジアの森で定住生活を送っていた人々は気温の急降下で食料危機に直面し、麦作農業を始めた。集落の周りにあったイネ科の草本などを手当たり次第に食べる中で生産性の高い麦を見つけ、栽培を始めたと考えられ、これで人類は農耕生活の第一歩を踏み出したというのだ。一方でヤンガー・ドリアス期の後に農業が始まったとする説もあり、いまも論争が続いている。

ヤンガー・ドリアス期が終わると、再び一〇年ほどで急激に温暖化したと考えられ、海洋大循環が再開されたことが原因とされている。その後の一万年間は地質学上、完新世と呼ばれ、研究者たちが古い気候を調べてきた中では最も長期にわたって気候が安定した時期の一つになっている。

6　気候最適期や小氷期も経験

小さな気温変化の大きな影響

これまでの約一万年間の完新世は気候が安定していたとはいっても、しばしば気候は変動し、寒冷な時代には人々の農耕生活に支障が出るなど危機に直面することがあった。

現代に近い小氷期といわれる時代でもほんのわずかに気温が下がるだけで天候不順や食料不足を招いたことを考えると、温暖化によって今世紀末までに世界の平均気温が四度も五度も上がったら、我々の生活はどうなってしまうのか、という思いに駆られる。

約八二〇〇年前には地球全体がミニ氷期に見舞われ、ヨーロッパはヤンガー・ドリアス期のように寒冷で乾燥した状態になった。このころは新石器時代の中ごろで文化の変革期にあたるが、グリーンランドでは気温が三度ほど下がり、完新世では北大西洋付近で起きた最も大きな気候変動となった。原因はヤンガー・ドリアス期と同じようにメキシコ湾流を含む海洋大循環の停止と考えられている。

ミニ氷期が数百年続いた後、気候は次第に温暖化した。いまから約七〇〇〇年～約五〇〇〇年前は完新世の中では最も温暖な時代となり、気候最良期や気候最適期と呼ばれた。現在より平均気温は二～三度高く、海面も二～三メートル高かったと考えられている。雨が多くなって草原が拡大し、人々は豊かな農業社会を発展させた。地球の自転軸の傾きが変化し、北半球の高緯度地帯の夏の日射量が増えたことが原因と考えられている。

縄文時代の貝塚が見つかった埼玉県富士見市の水子貝塚公園（著者撮影）

縄文時代は現在より二度ほど高かった

このころ日本は縄文時代だったが、平均気温は二度ほど高かった。海面も二～三メートル高く、東京湾や大阪湾、伊勢湾などがいまの内陸部まで達して「縄文海進」と呼ばれている。その名残があちこちに存在する縄文時代の貝塚だ。

この時代から一気に飛ぶが、四世紀末から一五世紀半ばを指す中世の間にヨーロッパが温暖で安定した気候になった時期がある。

一〇～一四世紀、九〇〇～一三〇〇年、九五〇～一二五〇年など諸説あるが、中世温暖期と呼ばれ、人々が厳冬や冷夏、大嵐に悩まされることは比較的少なかった。安定した気候は豊作をもたらし、人々は豊かな生活を送ったと伝えられている。西ヨーロッパの夏の平均気温は二〇世紀よりも〇・七～一・〇度高く、中央ヨーロッパはもっと高かったと考えられるが、最近では世界的に温暖だったことについて疑問視され、中世温暖期を少し弱めて中世気候異常期と呼ばれるようになった。

人類にとって最後の寒い時期

中世気候異常期を経て、今度は人類にとって最後の寒い時期である小氷期に突入する。この時期についても一五六〇〜一八五〇年、一三一〇〜一八五〇年、「一四〇〇年ごろから五〇〇年ほど続いた」など諸説ある。大まかに言えば、中世気候異常期が終わった後、寒い期間が続いてそのまま小氷期に入り、一九世紀半ばまで続いた。

気候が寒冷化した小氷期には、時々大嵐が見舞うなど急激な変化が起こり、気温も短期間に変動を繰り返したようだ。英国のテムズ川がたびたび凍り、荒天がスペインの無敵艦隊を苦しめることもあった。一六八〇年から一七三〇年にかけては小氷期の中でも最も寒く、英国などでは作物の生育期間が極端に短くなった。

アルプスなどの氷河もこのころ目覚ましく前進するなど、世界的に氷河の拡大が知られる。一九世紀に入っても当初は不順な天候が続き、ヨーロッパは広範囲な食料不足に陥った。一九世紀半ばには寒さも収まり、現在の温暖化の傾向が始まったと考えられる。

太陽の活動が原因ではない？

小氷期はその前の中世気候異常期に比べて気温低下は一度にも満たず、地球規模でならすと約〇・二度の寒冷化に過ぎないという。それでもヨーロッパを中心に人々の生活に多大な影響を与えた。

何がこの小氷期をもたらしたのか。一六四五年から一七一五年にかけて太陽の黒点活動が低下し、マウンダー極小期と呼ばれている。これが小氷期のピークと重なることから太陽の黒点活動の低下が小氷期の大きな原因という説が一時受け入れられた。

しかし、最近の人工衛星の太陽観測によって太陽活動の低下、つまり太陽の放射エネルギーの減少が小氷期の寒冷化に直接結びついたとは考えられなくなってきた。世界的な火山活動の活発化で火山灰が広範囲に地球を覆ったこと、太陽から出る紫外線量の減少の二次的な影響など、そのほかの要因に関心が集まっている。

ちょっとした気温の変化が人々の生活に少なからぬ影響を与えてきた。中世気候異常期のヨーロッパが天候に恵まれ、作物もよく取れたことから「温暖化をそんなに心配する必要がない」という声も上がる。しかし、現在の温暖化は人為的で急激な気温上昇であり、自然の要因によって緩やかに気温が上がった中世気候異常期などとは次元の違う話であることが理解できるであろう。

7　人類の生活に重大な影響を与えた気候変動

火の使用は寒さ対策も

地球上ではこれまで気候は大きく変動し、寒冷で乾燥した気候と温暖で湿潤な気候が繰り返された。人類は自然がもたらす気候変動に翻弄されながらも、飢餓や疾病の発生にも耐えて何とか生き抜いてきた。気候が厳しくなればもっと住みやすい場所を求めて移動する方法を取るのが過去の人々のやり方だった。
しかし、いまや地球上のいたるところに七三億人もの人が住みつき、単純に移動することもできなくなった。しかも人類が経験したことがないような急激な地球温暖化が次第に姿を現している。

我々ホモ・サピエンスがアフリカで出現したのは、地球上では氷期と間氷期が繰り返されていた約二〇万年前のことだった。さらにホモ・サピエンスは、イーミアン間氷期から最終氷期に向かう境い目あたりの約七万年前にアフリカを出て全世界に広がった。まさに環境激変の時期に長年住み慣れたアフリカを離れたのだ。

移住した先の極寒の環境に適応できたのは、動物の毛皮を衣服として利用したから、と考えられている。針と糸を使うという知恵が生み出されたことが氷期を生き抜くことを可能にした。火の使用は、調理した暖かい食事を提供し、捕食動物から人間を守ってくれただけでなく、格好の寒さ対策になった。

ネアンデルタール人を滅ぼしたホモ・サピエンス

ネアンデルタール人がヨーロッパで栄えた約三〇万年〜約三万年前の多くは氷期だった。北極海からの氷が北半球の全体に広がり、ヨーロッパ北部は氷河に覆われているような厳しい寒冷な気候にも耐えられたのは、たくましい体つきだったからだと推測されている。敏捷な狩人であり、大型動物を捕獲する能力を持ち合わせていた。種としてはホモ・サピエンスよりも長い期間生きたが、それでも栄養が十分取れず、四〇歳以上まで生きることができたのはごくまれだったという。

知性と優れた道具を持ち、気候変動にも耐えうる能力を身につけた我々の祖先はそのネアンデルタール人を滅ぼした後、シベリアと北米を結ぶ架け橋（現在はベーリング海峡）を徒歩で越えて世界の隅々まで広がった。約一万五〇〇〇年前にはとうとう南米大陸の先端にまで達した。ちょうど氷期は終了し、それから現在までの一万年間はこれまで述べてきたように過去五〇〇万年間では気候が最も安定した完新世となる。ホモ・サピエンスが寒さに耐えた氷期には食料となる動植物が激減し、人類にとって大きな痛手だったが、そういう過酷な環境を生き延びようとして人類は進化してきたとも言える。

小氷期と大飢饉

厳しい寒の戻りとなったヤンガー・ドリアス期あたりに、人類は農業を開始した。計画的な種まき、収穫で食料を確保し、飢えの心配をなくそうとした。それによってある程度の目的は達成できたが、その後も農業は寒冷化や干ばつ、豪雨、洪水などの影響をもろに被った。人々が生き延びられるかどうかは、その年食べる分と翌年の種まき分の作物を十分確保できるかどうかにかかっていた。

例えば小氷期の走りの一三一五年から一九年にかけてヨーロッパは作物の不作で大飢饉となり、何万人もの人々が死んだ。また一八四〇年代に起きたアイルランドのジャガイモ飢饉では、一五〇万人以上が亡くなった。社会基盤の整備で飢えに襲われることが少なくなったヨーロッパでの予想を超えた大惨事であり、この飢饉をきっかけにアイルランドの人口が減り続けた。一九六〇年代になってやっと減少に歯止めがかかったほどだ。

一八七〇年代末に厳しい寒さに見舞われた中国やインドでは、寒さと干ばつとモンスーンが吹かなかったことが原因で大飢饉に陥り、一四〇〇万〜一八〇〇万人が犠牲になったとされている。一九三二年から翌年にかけてはウクライナで大飢饉が起こり、アイルランド飢饉を上回る規模となった。

温暖化は恩恵のはずだったが

飢饉と同じようにペストなどの疫病も人々を苦しめた。天候不順で飢饉が起こるたびにペストは流行したといったほうが適切かもしれない。気候の変化が疫病の伝染を早めたケースもあった。一八一二年にインドの飢饉がきっかけで大発生したペストは翌年にはヨーロッパ南東部に広まり、ルーマニアのブカレストでは二万五〇〇〇人が亡くなったという記録が残っている。

このように人類に試練を与えてきたのは明らかに寒冷化のほうだった。

温暖化は中世気候異常期を含め作物の豊作などによって人々に豊かな生活をもたらすことが多かった。しかし、いま進行している急激な温暖化は様相を一変させることだろう。

8　一万年の気候の安定で現代文明が発展

高くそびえたったバベルの塔

人類は気候が安定した一万年の完新世の間に著しい発展をとげた。農業の発展が人々の生活を支え、産業革命も起こった。そして我々がここまでたどり着くのに科学技術が果たした役割は大きい。物質的に豊かな二〇世紀文明を作り出した科学技術は人間を月に送り込み、他の惑星の近くまで探査機を送って素晴らしい観測も行った。幾多の科学的発見、技術的革新を土台に高度の物質・機械文明を築き上げたのが人類だった。ところが、いまになって現代文明のつけとも言える地球温暖化がクローズアップされている。

人類の長い歴史の中で完新世に一気に文明が花開いたことは、気候の安定が文明発展の大きな要因だったことを示している。厳しい寒冷化や長く続く干ばつなどの気候変動は人間の生活に大きな影響を与えた。少しでも条件のいい場所へ集団で移住し、そこでの食料確保に全力を挙げざるを得なかった。最終氷期までの人類はその繰り返しだった。

約一万一五〇〇年前にヤンガー・ドリアス期が終わった時点で、気候は温暖化かつ安定化し始め、人類は定住して農業を発展させることが可能になった。毎年、必要なときに雨が降り、気温は決まったサイクルで上下する。それが来年も同じように続くことは重要なことだった。農業が広がると、採集漁労に頼った時代よりもはるかに多くの人口を養うことができ、文化も発展した。その後の人類の増加は、あらゆる生物の中でも類を見ないものだった。

科学の進歩は止められない

古代文明と呼ばれるものが栄えたのは大河のほとりであり、農作物が安定してとれる場所だった。いまから五〇〇〇年ほど前に北緯三五度以南が乾燥したため、メソポタミア、エジプト、インダスの各地では牧畜民が水を求めて大河の近くに移動した。そこに定住していた農耕民と接触し、両者の合流で文明や都市国家が生まれたと考えられている。

　各河川ではたびたび洪水が起こり、それが肥沃な土地をもたらした。かんがいと洪水対策のための大量の労働力確保のために国家が必要になり、エジプト文明のピラミッドはそうした労働者のための公共事業という説が有力になってきた。当時は平均気温がいまより幾分高かったことなどから食料生産が順調にいき、人々は飢餓の恐怖から解放された。

　農民は自然を単に利用しただけにとどまらなかった。収穫をさらに増やすため自然をよりよく活用しようとし、さまざまな技術が集積していった。文字や印刷術の発明によって人々の知識は一層蓄積した。そして近代科学が一七世紀に西欧で誕生した。

　科学と工学技術が結びつき、一八世紀後半にはワットの蒸気機関の開発をきっかけに産業革命が起こった。産業革命では本格的な動力を確保しただけでなく、優れた材料である鉄についての技術を人間が手に入れたことも大きな成果だった。一九世紀後半にはエネルギーとして電気を使えるようになり、石炭に続いて石油資源も開発されてエネルギー利用の基礎が整った。科学技術は近代国家の確立に欠かせず、国家のための科学技術は軍事力と経済力を高める手段としての役割を果たした。

　いったん科学技術が力を発揮し始めると勢いはとどまるところを知らなかった。材料とエネルギー技術の確保に続いて、二〇世紀後半には情報を中核技術にすることに成功した。ＩＴ革命が進行し、いまでは世界中の人々が瞬時に情報を交換できるようになった。衣食住から娯楽までいわば生活の隅々まで入り込んだ科学技術が我々の生活を豊かにし、現代文明の基礎になったことは誰もが認めるだろう。

環境破壊の始まり

一方で科学技術の進歩は負の側面ももたらした。世界の奥深くまで開発が行われたほか、自動車や工場の排ガス、農薬などの化学物質によって大気や土壌、海洋は汚染された。自然の喪失で人類や生物にとって住みにくい地球が出現した。我々は科学技術から得られた多くの利点と引き換えに、多くの副作用を被っているとみることができる。人類がまさにいま直面しているのが、地球環境破壊の象徴とも言える地球温暖化なのである。

古代文明があったメソポタミアは森林や草原に恵まれ、麦類も豊富にあったが、農地や放牧地が過度の開拓や干ばつによって砂漠化し、飲み水もなくなって四〇〇〇年前ごろに文明が滅びたとされる。中米で紀元前から約一〇〇〇年続いたマヤ文明が崩壊したのも、長期の干ばつが一つの要因だったとされている。このように多くの古代文明に共通しているのは、農耕や牧畜によって富を蓄積し、一時は栄華を極めたものの、最終的には乾燥が限界に達して砂漠化し、農業が維持できなくなって滅びたことであろう。地球規模の環境破壊を引き起こし、温暖化を加速させている現代文明も同じような運命をたどるのかも知れない。

第四章　温暖化で恐竜が栄え、全球凍結もあった

1　脚光浴びる五六〇〇万年前の温暖化

北緯五〇度に熱帯雨林

恐竜がいた白亜紀（一億四〇〇〇万年〜六五〇〇万年前）が温暖な気候だったことがよく知られているが、いまから約五六〇〇万年前も急速に温暖化した時期であり、現在の地球温暖化との比較で脚光を浴びるようになった。

このころは新生代の暁新世と始新世の境にあたることから、暁新世・始新世境界温暖化極大（ＰＥＴＭ）と呼ばれている。現在とは違ってグリーンランドや南極にも氷床は存在せず、氷河時代を脱していた時期にさらに温暖化が起こったわけで、白亜紀ほどではないものの気候の最温暖期と考えてもいい。

赤道と北極・南極の温度差が現在よりもずっと小さく、海洋深層水も暖かかったことが知られている。当時の極地域の地層からは温暖な気候を好む植物の化石が見つかり、現在のパリやバンクーバー付近に相当する北緯五〇度あたりまでアマゾンにあるような熱帯雨林が分布していたと考えられる。当時、北極圏は南極と同様に氷には覆われておらず、ヤシの木やワニもみられたという。

とにかく気温も海水温も随分高くなったようだ。気温は数千年〜一万年ほどの間に世界的に五〜九度上昇し、海洋表面水も六〜八度、深海の水温も四〜五度上昇したとみられている。北極地方の海水温度は約二三度まで上がって、今日より二四度も高かったとみる研究グループもいるほどで、高緯度域が異常に暖かくなるのはこうした温暖期の特徴だ。PETMでは異常な高温状態は約二〇万年で回復したという見方が出されている。当時は海の酸性化も急速に進むなど、環境の激変で生態系も大きな影響を受けた。

メタンの大量放出か

CO_2（二酸化炭素）などの温室効果ガスが海洋や大気に一気に加わって起きた温暖化だが、当然ながら何が原因だったのかが焦点になる。まだ確定的ではなく、深海底のメタンハイドレートの融解によるメタン放出、火山性ガスの大量噴出、広範囲にわたる山火事、永久凍土の融解などが候補に挙がっている。

中でも有力なのがメタンハイドレートからのメタン大量放出である。メタンハイドレートは通常は深海の高圧環境下で安定しているものの、水温上昇によって不安定化して突然、メタンを解き放ったと考えられるという。メタンはCO_2の二十数倍の温室効果を持ち、大気中に放出されると一〇年ほどで酸化されてCO_2になるが、そのメタンとCO_2が当時の温暖化をもたらしたと考えられる。

PETMの特徴は、海水中に溶存するCO_2の中で炭素の同位体であるC12とC13のうち軽いC12を含んだCO_2が富むようになり、それに伴って急激に温暖化したことだ。

生物は優先的に軽い炭素を取り込む性質があり、軽い炭素が増えることは生物起源のCO$_2$だということを示す。メタンハイドレート中のメタンは多くの場合、海底堆積物中に生息する「メタン生成菌」というバクテリアが作ったものだ。こうした点とメタンハイドレートがPETMの有力な原因と考えられていることは矛盾しない。

現在の温暖化スピードは一〇倍

PETMは一九九一年に発見され、当初は地球史上でスピードが最も速い気候変化と考えられた。ところが、その後の研究で現在の地球温暖化の一〇分の一以下のスピードであることが分かった。つまりPETMでは一〇〇〇年以上かかって引き起こされた大気中の温室効果ガス濃度の上昇と気温上昇を、我々が膨大な化石燃料を燃やすことでこの一〇〇年で超えてしまったというのだ。

もともと温暖な時期だったにしろ地質学的には一気に気温が上昇し、北極圏が亜熱帯のようになったPETM。

しかもCO$_2$をはじめとする温室効果ガスの上昇が原因とされ、現在の温暖化と類似の現象とみることができる。両者がよく似ていることから、当然のことながらPETMを知ることがいまの温暖化の行き着く先を予測するうえで欠かせない。たとえば今回の温暖化がこのまま進むとどんな気候が待ち受けるのか、のヒントをPETMが与えてくれるかも知れない。また現在の急速な温暖化によってPETMと同じようなメタンハイドレートからのメタン放出が起こらないのか、といった懸念が出てくる。

最も気になるのは、ＰＥＴＭが当時の生物や生態系にどんな影響を与えたのか、ということだろう。それを次に見ていこう。

２　深海底生物が大量絶滅

海が強烈に酸性化する

ＰＥＴＭ（暁新世・始新世境界温暖化極大）では、何らかの原因によるＣＯ$_2$など温室効果ガスの放出によって大気や海洋の温度が急激に上がる一方で、海洋は大気中の過剰なＣＯ$_2$を吸収して極度に酸性化した。現在の世界の海のｐＨ（水素イオン指数）は平均で８・１前後の弱アルカリ性だが、このときは７・８ほどまでに下がったとされている。この海水温上昇と海洋酸性化のダブルパンチで海洋生態系は破壊的な影響を受け、特に目立ったのは深海底に生息する単細胞生物の有孔虫（底生有孔虫）の大量絶滅だった。これらのグループの種の三五～五〇％が絶滅したという研究結果が出ている。

白亜紀末の六五〇〇万年前に恐竜をはじめたくさんの生物が絶滅したが、このときには底生有孔虫はほとんど影響を受けなかった。

ＰＥＴＭは深海環境に激しいストレスを与えるとともに、海洋表面の生物にも変化をもたらした。浮遊性有孔虫は多様化し、沿岸海洋では古代の赤潮の原因となった過鞭毛藻類と呼ばれる藻類の繁栄を引き起こしたという。

ＰＥＴＭの間に海洋のプランクトンの分布にも大きな変化があった。熱帯のプランクトンは冷たい水を求めて高緯度に移動したのに対し、高緯度のプランクトンは種の数が減少した。海洋ではサンゴ礁や軟体動物などへの影響も目立ち、絶滅したサンゴもあった。

北極にヤシの木があった理由

陸の生物は絶滅することはなかったが、急激な気温上昇に対応しなければならなかった。動植物は気温が上がれば涼しいところを求めて極方向にものすごい距離を移動した。北極圏にヤシの木やワニの姿があったのはそのせいで、熱帯雨林も極域近くで見られるようになった。北米大陸では、亜熱帯植物種が現在のミシシッピー州からワイオミング州まで北西に一五〇〇キロメートルも移動したという地質学的証拠が見つかっている。

気温急上昇が起こした混乱は約二〇万年続いたが、驚くべきことにその間、地球の中低緯度地域の大半から生物が姿を消したという。陸地は砂漠化していたし、海も海面温度が二〇度を超えて海洋生物が海面近くからいなくなっていた。陸上生物や海洋生物が生息できるのは、北極や南極周辺の高緯度地域だけに限られる異常な状況となっていたのだ。

温暖化が哺乳類を進化させた？

陸地の生物種の総数は実質的に減少しなかったが、種の多様化は起こった。哺乳類にも大きな転機が訪れた。白亜紀末の恐竜絶滅を機に動物の中心に躍り出て発展した哺乳類の大半は、原始的なものから現代の小ぶりな哺乳類の祖先に置き換わり、霊長類の祖先やひづめのある哺乳類などが新たに出現した。今日の主要な哺乳類の多くはＰＥＴＭの後を追って出現したとみることができ、ＰＥＴＭは哺乳類の進化を加速したという面からも注目される。

ＰＥＴＭが陸や海の生物や生態系に大きな影響を与えたことがよく分かる。一方で地球温暖化がゆっくり進んだため、生物が極域近くに移動するなど何とか適応できた。

ところが現在の温暖化はスピードが当時よりもはるかに速いため、動植物が移動したり、新しい環境に適応する余裕はほとんどないかも知れない。七三億人に達した人類が大量に移動するには新たなスペースがほとんど残っていないし、動植物の移動にも人類が製造したさまざまな人工物が邪魔をするだろう。ＰＥＴＭでは低中緯度から生物がいなくなったことを考えると、いまの急速な温暖化に人間をはじめ生物はとても適応できないのではないか、と悲観的にならざるを得ない。

ＰＥＴＭを経て地球は徐々に寒冷化し始め、三四〇〇万年前ごろまでには南極大陸に氷床が形成され、現在へと至る新生代後期氷河時代がやって来るのだ。

３　恐竜が栄えたころの大規模な温暖化

赤道と北極の気温差がなかった恐竜時代

恐竜に代表される中生代（二億五〇〇〇万年～六五〇〇万年前）のほとんどは、ＰＥＴＭ（暁新世・始新世境界温暖化極大）をかなりしのぐような温暖期だったことは間違いない。特に白亜紀（一億四〇〇〇万年～六五〇〇〇万年前）の中ごろは、海水温の重要な指標になる海水の酸素同位体比のほか、海洋でのサンゴ礁の分布や陸域の動植物の分布などさまざまな地球環境の指標が当時、かなり温暖だったことを示している。

具体的には白亜紀中ごろは地上平均気温が現在より六～一四度、あるいは一〇～一五度も高かったという見積もりが出ている。赤道と極の温度差は小さく、現在は四一度もあるのに対して当時は一七～二六度程度しかなかったという。地球全体の温度コントラストが小さいという温暖期の特徴がここでもはっきりと示されている。

温暖化の影響は海洋深層水にまで及んだ。海洋の大部分を占める海洋深層水の温度は、現在は摂氏二度程度に過ぎないが、当時は一八度もあったことが分かっている。低緯度海域の海水の蒸発が活発だったため、暖かくて塩分の濃い海洋深層水が形成されたと考えるとつじつまが合う。

地球上にまったく氷がなかった

北極や南極には氷床は存在しなかっただけでなく、どの季節でも氷はまったくなかったようだ。化石記録からアラスカなどの高緯度地域に森林が広がり、恐竜などの爬虫類が生息していたことが分かっている。この時代には陸上に恐竜、海に恐竜の仲間の首長竜や硬い殻を持つイカがいたほか、海底には巨大なアンモナイトが生息していた。生物は総じてサイズが大きいのが特徴だった。温暖な気候だったこともあって、海洋を含め地球上の生物は爆発的に増えた。これらの化石が現在採掘される石油や石炭のもととなり、中でも石油のほとんどはこの時代を生きた生物に由来すると考えられる。

白亜紀中ごろの大気中のCO_2濃度は約二〇〇〇ppmだったという説などが示されている。この高い濃度のCO_2の温室効果によって現在よりもずっと温暖化が進んだとされる。それでは何がCO_2濃度を高めたのだろうか。

火山活動で暖かかった

当時は火山活動が活発だったことが知られている。最近では毎年大気中に放出されるCO_2のごくわずかが火山由来と考えられているが、白亜紀中ごろの火山噴火は規模が現在より極めて大きかったのに加えて長期にわたって噴火活動が続いた。

この当時は、地球の地殻の下にあるマントルの深部からスーパープルームと呼ばれる巨大な高温物質が上昇してきて、地表で大量の溶岩を噴出したと考えられ、これが一連の巨大噴火に結びついたようだ。スーパープルームは大陸を分裂させる原因にもなり、そのころ存在した超大陸パンゲアもスーパープルームによって分裂したと考えられる。

中生代の温暖化の原因として、大陸配置が現在とは大きく異なっていてヒマラヤ山脈やアンデス山脈などの大山脈がまだ形成されていなかったこと、太陽光を比較的よく反射する陸地の面積が海面水位の著しい上昇によって現在より二割も少なかったこと、極域に氷が存在しなかったことなども挙げられている。しかし、主役はやはり火山活動の活発化のようである。

活発な火山活動が大量のCO_2を放出したため大気中のCO_2濃度が上昇し、それによって白亜紀中ごろの温暖化が促進されたのだ。

恐竜のおならはバカにならない

大量の化石燃料消費によって引き起こされた現代の温暖化とある面でよく似ているが、ここに来て巨大な草食恐竜のげっぷやおならに含まれるメタンガスが中生代を温暖化したという説が英科学者チームから出された。

現代の牛が食物の消化で多くのメタンを排出するのと同じように、ブロントサウルスなどの草食恐竜は長い首で木の高いところにある葉を食べて一年間に排出したメタンは合計五億二〇〇〇万トンに達した可能性があるという。メタンはCO_2の二十数倍の温室効果を持つが、バカにならない量のメタンが出ていたことになる。中生代の象徴ともいえる恐竜の食習慣が温暖化の促進にかかわっていたと考えると興味深い。

白亜紀には温暖化が大規模でCO_2濃度が上がって気温が高くても、気候は穏やかで恐竜をはじめ動物が繁栄し、植物も大繁茂した。だから現代の温暖化が高じても心配する必要はない、という考え方がある。

しかし、中生代の温暖期は長い時間をかけてCO_2濃度が徐々に上がり、海洋の中和がうまくいって海洋酸性化もあまり起こらなかった。それに対して人間に起因するいまのCO_2上昇は急激に進んで海洋酸性化も引き起こし、加速する様相をみせている。海洋酸性化は生物にとって絶滅の大きな要因となる。また中生代のような暑すぎるほどの気候に人類が適応できるかどうかはまったく分からない。

4　巨大隕石落下による気候急変で恐竜絶滅

ユカタン半島は語る

　中生代のジュラ紀（二億年～一億四〇〇〇万年前）や白亜紀（一億四〇〇〇万年～六五〇〇万年前）に最も栄え、「陸の王者」などの異名を持つ恐竜は中生代最後の白亜紀末、突然姿を消した。なぜ恐竜が絶滅したのかは長い間謎とされ、研究者による論争が続いたが、一時は次のような説が有力となった。

「六五〇〇万年前に、メキシコのユカタン半島に直径一〇キロメートルほどの巨大な隕石が落下した。想像を絶するような大爆発を起こし、飛び散った大量の粉塵が地球全体を厚く覆った。太陽の光が届かない暗闇状態が続いて地球は一気に寒冷化し、植物は枯れた。植物をエサにする動物も、肉食動物も多くが死に絶え、世界の食物連鎖が完全に断ち切られる中で恐竜も絶滅していった……」

　岩石から飛び散ったチリだけを計算しても太陽光の透過率は一〇〇万分の一以下となった。太陽エネルギーが届かないから内陸部の気温は急激に下がり、そうした「衝突の冬」と呼ばれる寒冷状態が数カ月から一年に及んで地上平均気温は二〇度も下がったと考えられる。

　六五〇〇万年前の世界各地の地層に地表ではまれな金属のイリジウムが多く含まれていること、ユカタン半島で直径二〇〇キロメートルのクレーターが見つかったことを考えると、巨大隕石が落下したことは間違いないとされる。

たった数週間で恐竜絶滅!?

米国ミルウォーキー博物館の研究グループは同国内の「恐竜化石の宝庫」と呼ばれる地層で調査を続けた結果から、隕石落下後、数週間という短期間で恐竜は絶滅したという論文を発表した。

隕石衝突による恐竜絶滅に関してはそれまで「衝突で発生した超高温の雲が地上を焼き尽くし、恐竜は生存できなくなった」「エサがなくなった」など諸説あったが、同グループは「数週間にわたって続いた寒冷化が恐竜を絶滅させた」と説明した。急激な気候変動を前面に出したのだ。

では本当に隕石落下だけで世界中の恐竜が絶滅したのだろうか。最近は隕石落下も含め複合要因説に関心が集まっている。

当時、寒冷化の兆候が表れ、大陸の乾燥化が始まった。インドで長く続いた火山の巨大噴火は地球の大気を変え、生態系を弱体化させていた。こうした環境変化に適応できなかった恐竜などが衰退し始め、それに隕石落下が追い打ちをかけた、などの説が出されている。いずれにしろ、恐竜絶滅と同じ時期に、巻き貝のアンモナイトや首長竜、翼竜など当時の生物種の三分の二以上が絶滅したとされ、地球規模で一斉に無差別に起こった生物大量絶滅だった。

巨大隕石の落下が短期間で恐竜を絶滅させたかどうかはともかく、隕石落下後に急激な寒冷化が起こったことは間違いなさそうだ。そしてその寒冷化は、今度は温暖化に取って代わられた。隕石の衝突による石灰岩の蒸発や森林火災などによって発生した大量のCO_2が大気中に蓄積し、何十万年も続く温暖化をもたらしたと考えられている。これは「衝突の夏」と名づけられた。巨大隕石によって地球は「冬から夏へ」の長期間にわたる気候変動を被った。これは気候の暴走と言っていい事態だったのだろう。

二〇二九年、隕石落下の可能性?

隕石落下で恐竜は大きな打撃を受けたが、一部は生き残って鳥類として進化したという説が出てきた。恐竜の陰で細々と生きてきた哺乳類も痛手を被ったものの、絶滅はせずに生き残った。その後、哺乳類は急速に栄え、やがて人類誕生に結びつく。気候変動の中で恐竜と哺乳類が正反対の道を歩んだことに関して、少なくとも哺乳類は恐竜に比べて体が小さいことが幸いしたと考えられている。

気候の激変と生物の大量絶滅をもたらした隕石落下。人類の生き残りのために今後、警戒を怠るわけにはいかない。直径約三〇〇メートルの小惑星アポフィスが二〇二九年に地球にかなり接近し、一時「衝突するかもしれない」と話題になったが、衝突の可能性はなくなった。アポフィスは二〇三六年にも地球に接近する。

5　地球全体が凍った全球凍結

大陸移動説に匹敵する革命

これまで地球が経験した最大の気候変動とは何だろうか。それは地球全体が厚い氷に覆われる全球凍結である。地球上の最低気温の世界記録は二〇一〇年に南極大陸東部で観測されたマイナス九三・二度だが、全球凍結下では極域の最低気温はこれよりももっと低かったかも知れない。真夏の赤道でも氷点下だったという。

氷河時代の中でも群を抜いて寒冷化した全球凍結がかつて起こったことが次第に分かってきた。米国のジョセフ・カーシュビンク博士によって一九九二年に最初に提唱されたこの説はスノーボール・アース（雪玉地球）仮説と呼ばれ、ウェゲナーの大陸移動説にも匹敵する革命的なものだといわれた。厚さ一〇〇〇メートルの氷が赤道付近まで含めて地球の全表面を埋め、海の表面も長期間にわたって全面凍結した。地上平均気温がマイナス四〇度まで下がったとされる。これに比べると、我々がいま生きている最後の氷河時代の寒さなど取るに足りないものになってしまう。

これまで気象学者は「地球の海がすべて凍結したことはない」と考えてきた。なぜなら地球が完全に凍結したら、白い氷が太陽エネルギーのほとんどを反射するため、地球はちょっとやそっとのことでは完全凍結から抜け出せなくなる。「いま地球は凍結していないのだから過去にも全球凍結はなかったはずだ」という理屈になる。

なぜ全球凍結が起きたのか

ところが二〇億年以上前に一回、七億五〇〇〇万年～五億六〇〇〇万年前までの間におそらく四回は全球凍結が起こり、そうした状態が数百万年続いた可能性があると考えられるようになった。このころの地層から迷子石と呼ばれるものなど氷河性堆積物が見つかることは知られていた。その存在理由はよく分からなかったが、全球凍結があったとすれば疑問は解決する。

気候ジャンプという表現がふさわしい全球凍結。何がこの異常事態をもたらしたのか。

まだ謎に包まれた面が多いが、一つの可能性は大陸の配置がちょうどいい具合だったというのだ。全球凍結が起こったどの時期も大陸は赤道付近に集まっていた。太陽から届くエネルギーのほとんどは熱帯で吸収されるが、陸地は海よりも太陽光を反射するため、赤道付近に大陸が集まっていれば効率よく太陽光を反射し、地球を冷却する。極地の氷が広がるのを妨げる大陸が高緯度にないことも全球凍結に有利に働くというのだ。

もう一つ、全球凍結には生物、それも微生物が関係していたのではないかという考え方がある。例えば二〇億年以上前の全球凍結が起こる前に、地球を暖めていた主要な温室効果ガスは、海の中に大量に存在したメタン菌が発生するメタンだと考えられた。ところが偶然も重なって光合成をするタイプのシアノバクテリアが登場し、酸素を出し始めた。大気中にたまった酸素は次第にメタンと反応してメタンを分解し、地球大気中の温室効果ガスが減って地球は急速に冷えていったというのだ。これが事実だとすると、シアノバクテリアの存在が地球の運命を変える働きをしたことになる。

生物進化に大きな役割

細胞に核を持つ真核生物の誕生は、原生代（二五億年～五億四〇〇〇万年前）前期の二〇億年前ごろと考えられている。まさに最初の全球凍結の少し後に真核生物が出現した可能性が高い。シアノバクテリアによって大気中の酸素濃度が増加したのも同じ時期だった。もし全球凍結が酸素濃度の増加をもたらし、酸素濃度の増加が真核生物の出現を促したとするならば、全球凍結が生物進化に大きな役割を果たしたと考えられる。

全球凍結がなぜ酸素濃度の上昇を引き起こすのか、まだはっきりしないが、六、七億年前の全球凍結後にも大気中の酸素濃度が一気に増えた。

これにより、極寒の中でかろうじて生き残った生命が長い停滞から脱し、酸素によって大量のコラーゲンを作って大型化したと考えられる。つまり多細胞生物が爆発的に進化する「カンブリア大爆発」の背景に全球凍結があったことになる。このころできた岩石の中に複雑な生物の兆しを示す化石が多数見つかったことが大きな証拠である。全球凍結がなければ、いまでも生命は原核生物のバクテリア以上には大きくなれず、もちろん人類の登場もなかっただろう。

6 凍結解除で一転温室に

止まらないプレート運動

地球全体が厚い氷に覆われる全球凍結が続いている間に、実は凍結解除に向けた動きが地球内部でひそかに進んでいた。いつまでも地球を異常な状態のままにはしておけないという強い意志を地球が持っていたかのように……。「地球がいったん全球凍結したらもう元に戻らない」などと考える必要はまったくなかったのだ。

いくら全球凍結に陥っても地球のプレート運動は止まることがなかった。現在のアイスランドの火山噴火でもよく見られるように、氷から突き出た世界中の何百もの火山からCO_2を含んだ火山性ガスが噴出し続けた。次第に大気中にCO_2が蓄積した。陸地は全球凍結によって氷で覆われていたため、CO_2を固定する地上の岩石風化作用はまったく止まっていた。海洋も凍っているのでCO_2を固定することはなかった。

大気中のCO_2濃度は上昇し続けた。全球凍結の期間中、火山活動によるCO_2放出が現在と同じペースで続いた場合、地球全体を覆う氷を解かすのに必要な量のCO_2（現在のCO_2レベルの三〇〇倍程度の約〇・一二気圧）を大気中に蓄積するには四〇〇万年以上かかるという計算結果も出ているが、そのレベルを超えてしまった。

やっと顔をのぞかせた大地

地球の表面は白い氷で覆われているから太陽光をほとんど反射したが、CO_2の温室効果によって地表温度が上がり始めた。大気が暖まってきたため赤道付近のごくわずかな氷が数百万年の間で初めて解けた。氷に代わって陸地が現れて太陽光が吸収されるようになり、温暖化は加速した。顔を出す陸地が増えるにつれて太陽光の吸収が増えるという正のフィードバック効果が地球を一層暖め、海洋に厚く張った氷も徐々に姿を消し始めた。

海洋の水温が同様に上昇したため深海底のメタンハイドレートの融解によるメタン放出もあったのかも知れない。こうしてマイナス四〇度だった寒冷環境がまず地球上に氷が存在しない環境に変わり、さらに気温は上昇し続けた。

ついには六〇度という記録的な高温環境にまで到達してしまった。制御できない温室効果による差し引き一〇〇度もの気温上昇が全球凍結の結末だった、と専門家はみている。極寒の状態から強烈な温室に変わるのには、ほんの数百年を要しただけだという。

全球凍結から一転して温室環境へ。この異常な暑さの気候は三〇〇〇万年ほど続いたという見方もあるが、温室は次第に終末を迎える。CO_2の大気中濃度は極端な値から次第に下がった。今度は岩石の風化作用が高まってCO_2は取り除かれ、生物も光合成のためにCO_2を吸収した。こうして、ようやく異常高温状態を脱することができた。

人類が登場するよりはるか以前の話だが、地球はこんな極端な気候変動を何度も経験してきた。このことは、何かがきっかけとなって想像できないような激動する地球が出現する可能性があることを示している。いまの急速な温暖化が地球に何をもたらすのか分からないが、地球の将来を考える際の参考になるだろう。

スノーボール説の限界

実はスノーボール・アース仮説はいま揺らいでいる。一時は多くの地質学者が「なるほど、そうかも知れない」と大筋で受け入れた説なのだが、ブームは去ったようだ。気候モデルの専門家は、「地球全体を氷の中に閉じ込めるのは難しい」と改めて考えるようになった。彼らの計算によると、非常に寒い期間でさえも赤道付近は暖かい、つまり赤道付近まで氷で覆われることはない、ということを示していたからだ。こうして固い雪玉よりももっと穏やかな「スラッシ（解けかけた雪）ボール」仮説のほうがいいのでは、と考える地質学者が出てきた。もちろんスノーボール派は「そんなことはない」と強く反論する。スノーボールかスラッシボールか。新たな論争になっている。

7　生物は気候変動にどう対応したか

温暖化で生物は北に移動している

地球上ではこれまで気候変動が繰り返され、気候変動は生物や生態系に大きな影響を及ぼしてきた。北の森林の限界近くに生える樹木は、気温が温暖になると分布範囲を近辺の新しい地域にまで広げ、寒冷化すると今度は後退した。鳥類は夏の暑さやその長さ、冬の積雪量や寒さに人間とは比較にならないほど敏感で、ヨーロッパの多くの鳥類は温暖な時代に北に生息域を広げたといわれる。

いまも地球温暖化の進行で、生物たちの移動が目立ち、気温の変化に弱い動植物は気温の低い北へ、高所へと移動している。越冬・産卵場所を北に移した渡り鳥も少なくない。新しい環境にうまく適応できればいいのだが、ホッキョクグマやアザラシのようにエサを十分取れなくなって絶滅の危機にさらされるケースもある。

熱帯・亜熱帯性の毒グモや感染症を媒介する蚊などが分布域を北に拡大しており、その影響を受ける日本などにとって心配は尽きない。よそ者である外来種は地域の農業や固有種にとって大きな問題になるが、気候変動によって外来種問題はさらに拡大する可能性がある。

地球上に多様な生物が満ちあふれるきっかけになったのは、いまから約二五億年前、光をエネルギーに変えて酸素を放出する光合成生物のシアノバクテリアの出現だった。それによって食物連鎖を支える土台ができ、さらに大気中の酸素濃度の上昇につながった。その後、生物は地球と互いに影響

生存が脅かされているホッキョクグマ（© Alan D. Wilson）

を及ぼし合いながら進化を続けた。

大型生物の出現促した全球凍結

いまから五億六五〇〇万年ほど前の先カンブリア時代末に硬い殻を持たず、クラゲやイソギンチャクのような形をしたエディアカラ生物群が現れた。オーストラリア中部のエディアカラ丘陵で化石が発見され、その名前がついたエディアカラ生物群は最古の多細胞動物と考えられた。その化石は、オーストラリアはもとより、カナダや英国、ロシア、中国など世界各地で見つかり、当時世界的に分布していたことが分かる。このころから生物の体は急激に大きくなり、メートルサイズの生物も現れた。

エディアカラ生物群は最後の全球凍結からほどなくして出現しており、全球凍結がエディアカラ生物群、つまり大型生物の出現を促したと考えられる。エディアカラ生物群が姿を消すと、生物進化史上もっと重大な事件であるカンブリア大爆発が起こった。

いまから五億四〇〇〇万年前の古生代カンブリア紀の幕開けとともに、それまで少なかった生物の種類が突如として増え始め、固い殻や骨を身につけた動物など多様な生物が地球上に出現するようになったのだ。「生物進化のビッグバン」とも呼ばれる。

植物の繁栄と気候の複雑化の間にも関連が大いにある。古生代デボン紀（四億一〇〇〇万年〜三億六〇〇〇万年前）に入ると、海から陸に上がったシダ植物の繁栄によって地球上に初めて緑の景観が現れた。デボン紀後期になると高さ二〇〜三〇メートルの巨木の出現で森林が誕生し、その植物の活発な光合成で大気中の酸素濃度は上昇した。

古生代最後のペルム紀（二畳紀、二億九〇〇〇万年〜二億五〇〇〇万年前）に単調な気候は終わり、その後の中生代三畳紀（二億五〇〇〇万年〜二億年前）になって季節が誕生したとみられる。

さらに中生代白亜紀（一億四〇〇〇万年〜六五〇〇万年前）に被子植物の繁栄に合わせるように、地球上には寒帯、温帯、熱帯などの気候帯が出現した。こうした環境の変化に応じて魚類から進化した両生類がシダ植物に続いて上陸を果たすなど、動物も進化した。

植物の絶滅は動物より多い

新生代（六五〇〇万年前〜）に入ってしばらくたった五六〇〇万年前にPETM（暁新世・始新世境界温暖化極大）によって地球は急激に温暖化した。

温暖な気候を好む被子植物が巨大化して裸子植物を圧倒し、森の状況が大きく変わった。枝を広く張る被子植物によって木々の枝が重なり合い、現代の熱帯雨林のようにうっそうと生い茂った森を形作るようになった。

こうした植物にとっては動物以上に気候変動が試練となった。気候変動によって気候帯が変わると樹木や草などは生息場所を変えなければならないが、動物と違って移動速度はごく小さい。このため急激な気候変動が起こると、気候帯の移動に多くの植物が追いつけず、行き場を失って絶滅することがあった。特定の植物に依存する動物や昆虫なども少なくなく、そうしたものの生存も困難になった。

一方、アフリカでチンパンジーとの共通祖先から枝分かれした人類の祖先は二足歩行を始め、独自の繁栄の道を歩んだ。チンパンジーやゴリラは住み慣れた熱帯雨林にずっと居残り、熱帯雨林の破壊によって生息数を減らしたのに対し、人類は森を出て草原で暮らし始めるなど常に新しい環境に適応し続け、繰り返される気候変動を乗り切った。

生命活動も気候に大きな影響を与える

さまざまな生物が地球上に存在している以上、地球が生物に影響を与え、生物も地球に影響を与えるという相互作用を繰り返してきた。

大気や海洋の酸素濃度の増加は生命活動が地球環境にもたらした最大の変化だが、それは生命活動にも大きな影響を及ぼした。まさに「地球と生命の共進化」である。前述したように、いまから二〇億年以上前にシアノバクテリアがメタンを減少させて全球凍結という一大変動を地球に起こした可能性がある。同じような大変動を人類がいま温暖化によって起こそうとしているが、いずれも生命体が巨大な地球を相手に予想外の力を発揮する例と考えていいのだろう。

8　これまで起きた生物大量絶滅

一日一〇〇種絶滅の原因は温暖化?

「野生生物を守り、生物多様性を保全したい」。これは誰もの願いであろう。

しかし、いま生物はものすごいスピードで絶滅に追い込まれている。地上の生物は記録・報告されているだけで一七五万種あり、実際には三〇〇〇万〜三〇〇〇万種にのぼると推測される。

このうち恐竜の生きていた時代は一〇〇〇年に一種の割合で生物が絶滅したに過ぎないのに対し、現在は一日に一〇〇種を超える生物が失われているという推測もある。これには異論も出ているが、少なくとも自然な状態の一〇〇〇倍もの速さで絶滅が進行しているとみられる。

何が貴重な生物を絶滅に追いやっているのか。

これまでは森林伐採、海洋・土壌汚染、砂漠化などの自然破壊によって生息地が減少していることが主な原因と考えられたが、次第に地球温暖化による気候帯の移動が前面に出てくるようになった。生物の絶滅のスピードを高めている要因が温暖化を促進し、気候を変動させるという問題もある。

例えば「生物の宝庫」と呼ばれる世界各地の熱帯雨林が破壊されると、それに依存する多数の生物が絶滅の危機にさらされると同時に、樹木が蓄えたCO_2が大気中に放出され、温暖化を進めてしまう。

温暖化がこのままのペースで進むと、希少動植物種が集中して生息する地域でそこにしかいない固有種の大量絶滅が起こることは間違いない。鳥類も影響を受ける。生物多様性への危機が迫るが、地球上の生物の多様さは人間にとって計り知れない資源であり、結局は人間に跳ね返ってくる。

生物の殺りくサイクル

過去を振り返ると、まるで生物の殺りくサイクルがあるかのように、地球上では最後の五億年の間に生物の大量絶滅が五回起きている。この「ビッグ5」は一九八二年に初めて提唱され、いまでは世界の古生物学者たちが広く認めている。

地球史上、最大の生物絶滅は二億五〇〇〇万年前の古生代ペルム紀と中生代三畳紀の境に起きた。海洋の生物の九割以上、陸上生物の七割以上の種が死に絶えるというものすごいものだった。「グレート・ダイイング」と呼ばれる地球的災害で、すべての三葉虫を含む多くの生物が永遠に姿を消した。何がこんな大事件を引き起こしたのか。

気になる大量絶滅の原因

地球深部からのスーパープルーム上昇による超大陸の分裂など、地球内部に原因があったという考え方が強い。

具体的にはシベリアの大地に五〇キロメートル以上にわたって裂け目ができ、玄武岩質のマグマの大量噴出という巨大噴火が長期化した。これは地球史のこの五億年では最も大きな噴火活動であり、シベリアには「洪水玄武岩」の台地としてその跡が残っている。巨大噴火が一〇万年も続いて火山灰とちりを噴出させたため、太陽光がさえぎられ、寒冷期にあった地球は一層寒冷化したとされる。

これ以外にも巨大隕石が落下した、海洋が無酸素状態になった、海洋酸性化が進んだ、気温や海水温の急上昇など気候変動が起きた、といった説が出されている。何しろはるか昔のことだから、はっきりしないことが多く、別のメカニズムの検証も進められている。

ペルム紀末の大量絶滅に次ぐのが、すでに述べた白亜紀末（六五〇〇万年前）の事件であり、恐竜をはじめ生物種の三分の二以上が絶滅したとされる。これら二つ以外に、古生代オルドビス紀末（四億四〇〇〇万年前）、同デボン紀末（三億六〇〇〇万年前）、中生代三畳紀末（二億年前）にも大量絶滅が起きた。

デボン紀末と三畳紀末の大量絶滅は、白亜紀末と同様に隕石落下が「衝突の冬」をもたらしたという説が根強いが、反論もある。

オルドビス紀末についてはペルミ紀末と同様に地球内部に要因を求める声が多い中で、当時、氷河時代に突入したことが関係しているという説も出ている。オルドビス紀の大半は大気中のCO_2濃度が高く、温暖な気候だったが、何らかの原因でCO_2濃度が減少に転じて気温が下がり、いわゆるオルドビス紀氷河時代が訪れた。氷河時代の証拠は、サウジアラビア、ヨルダン、ブラジルなどかつて超大陸の周辺にあったところから見つかっており、海面の後退や海水の化学組成の変化などで海洋生物が絶滅に追い込まれたという。

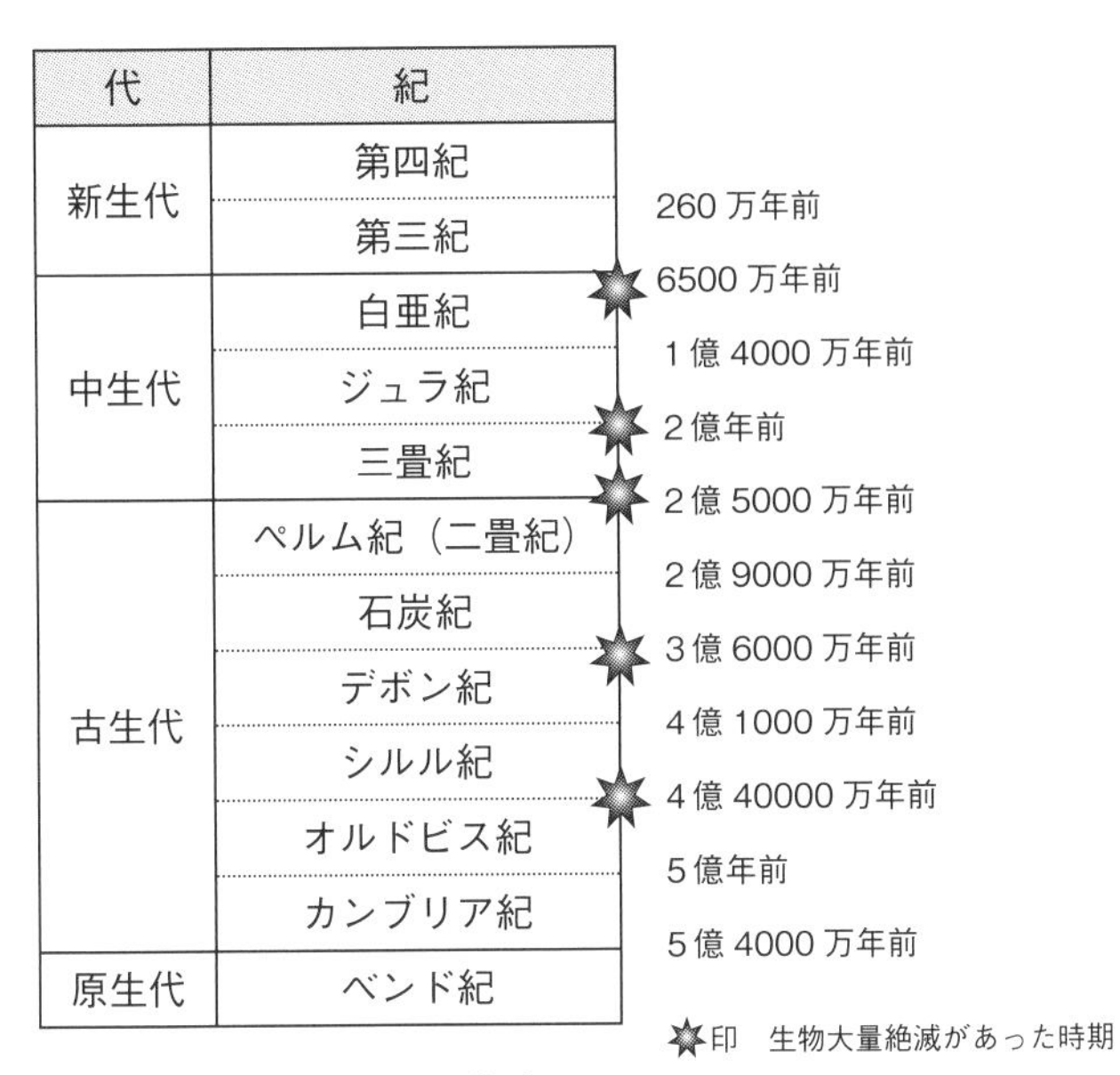

代	紀
新生代	第四紀
	第三紀
中生代	白亜紀
	ジュラ紀
	三畳紀
古生代	ペルム紀（二畳紀）
	石炭紀
	デボン紀
	シルル紀
	オルドビス紀
	カンブリア紀
原生代	ベンド紀

地質時代の区分と生物大量絶滅

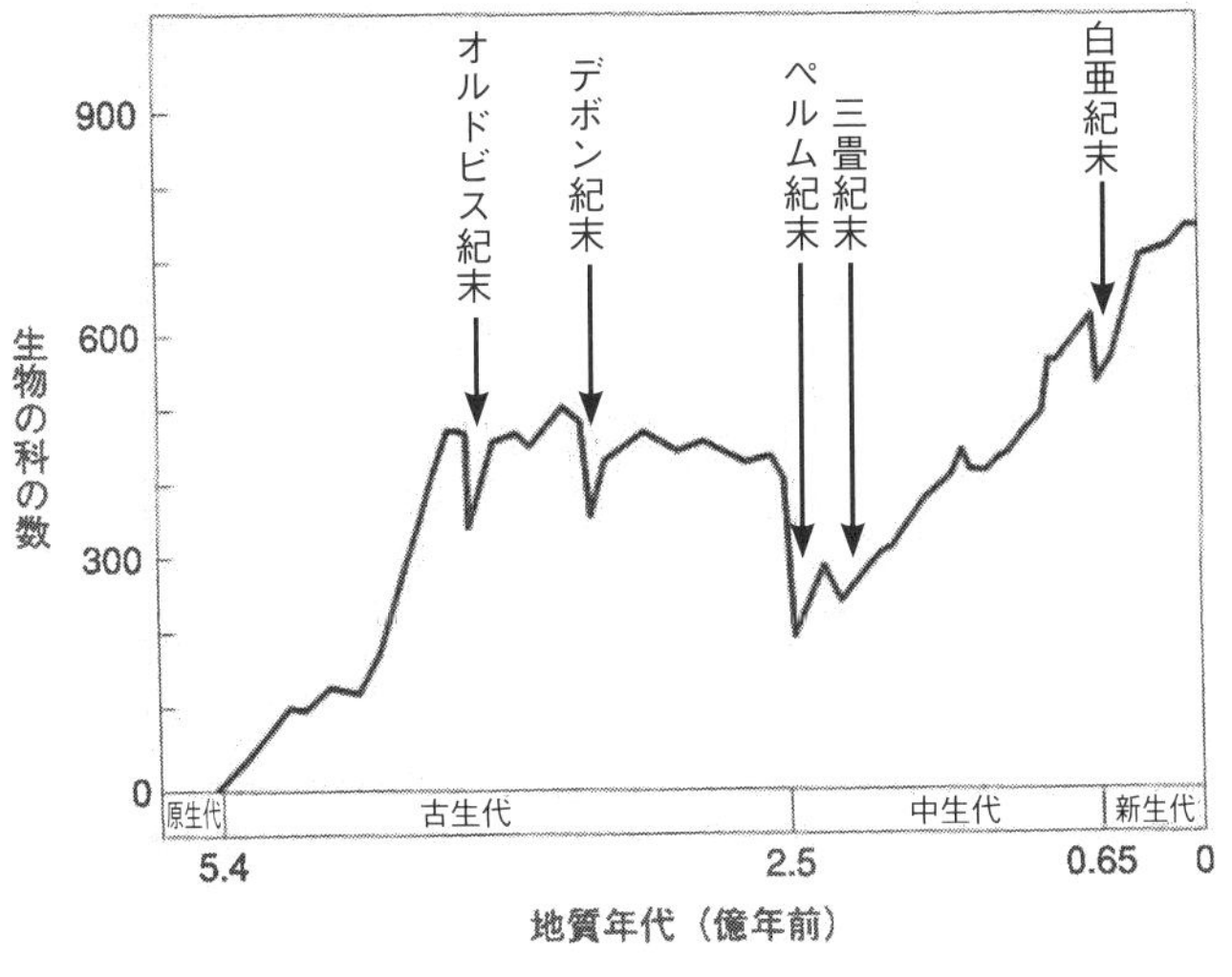

5回の生物大量絶滅

絶滅が新しい世代を呼ぶはずが……

これら「ビッグ5」よりは規模が小さい生物絶滅が六回あり、計一一回の大きな生物絶滅を地球は経験している。ある種の生物の絶滅によって別の種が生まれるなど、絶滅と進化はセットで起きており、生物の大量絶滅が生物の新しい多様化を引き起こし、進化を加速したと考えられる。例えば、白亜紀末の恐竜絶滅によって、それまで小動物として影を潜めていた哺乳類が代わって地上で繁栄し、六〇〇〇万年余の歳月をかけた進化の果てに人類が誕生したことはよく知られている。

いまも生物の大量絶滅が静かに進行する。これまでの「ビッグ5」に匹敵する規模になりそうで、「第六の大量絶滅」と位置づけられる。原因が隕石落下や地球内部にあるのではなく、人類が自然を破壊し、さらに地球温暖化を引き起こしていることが関係する。

第六の大量絶滅では短期間に多くの種が絶滅しかかっているため、新たな生物群が進化する余裕はなく、これまでの大量絶滅のように新しい種が生まれることは残念ながらなさそうだという。生物の殺りくサイクルに我々人間が組み込まれ、取り返しのつかない影響を地球の生命に与えようとしている。

第五章　気候変動の主役たち

1　巨大な氷床が重要な役割

氷床生成のメカニズム

北極圏のグリーンランドや南極大陸では、雪が降り積もって厚い氷の層を成している。陸地の上に乗っているこの広大な氷の層が氷床と呼ばれている。

氷床は冬に雪がたくさん降るから大きくなるのではなく、冬に積もった雪が夏に解け残るから発達する。だから夏が涼しいというより寒くなければ氷床はできない。氷床は一般的に総面積五万平方キロメートル以上のものを指し、アルプスやヒマラヤ、チベットに現在あるような氷河よりも規模がグンと大きいと考えればいい。

現在、氷床はグリーンランドと南極にしか存在せず、厚さは二～三キロメートルもある。地球上のどこかに氷河・氷床があるかないかで氷河時代と無氷河時代（温暖期）に分けられ、その氷床は地球がこれまで経験してきた急激な気候変動に密接にかかわる。寒くなって氷床のもとになる雪氷が増えれば太陽光の反射率が高まってさらに寒冷化が進む。逆に暖かくなって雪氷が減ると反射率は下がって温暖化が促進される。雪氷は気温との間に正のフィードバック効果を持ち、気候変動の主役の一つ

南極の巨大な氷床（©Hannes Grobe, Alfred Wegener Institute）

が氷床なのである。

地球史上はこれまで一〇回の氷河時代があったとされる。この七億年余では現在を含め六回の氷河時代が存在し、氷河時代と無氷河時代は数千万年から一億年以上の間隔で繰り返されている。氷河時代か無氷河時代かは、大陸の配置と密接に関係する。大陸は数億年の周期で集合・分裂を繰り返すが、大陸の集合で超大陸ができるときは、海底にある火山活動が活発な地帯（海底山脈）が日本海溝のようなプレートの沈み込み帯で地球内部に引きずり込まれる。すると地球全体の火山活動は弱まってCO_2（二酸化炭素）をあまり放出しなくなるため大気中のCO_2レベルが下がって寒冷化し、氷床が形成されやすくなる。一方で大陸が分裂するときは海底山脈がどんどんできてCO_2を放出するため温暖化し、氷床は消えていく。

氷床の崩壊と氷山が環境を変える

この氷床の崩壊が急激な気候変動を引き起こす大きな

要因であることが分かってきた。すでに述べたように寒さで氷床が厚くなると氷床の底の温度が上がって解け始める。そして氷床の一部が大規模なすべり現象を起こして崩壊し、氷山を生み出す。

最終氷期に起きた大規模な寒冷化であるハインリッヒ・イベントをもう一度見てみよう。同イベントの開始の前から寒冷化が始まっていたため、北米大陸を覆っていたローレンタイド氷床が成長を続け、その結果、氷床の一部が崩壊して氷山の流出が起こり、さらなる寒冷化が起こったと考えられる。氷山の流出は五〇〇〜一〇〇〇年ぐらいにわたって続くが、流出した氷山は解けて北大西洋に淡水を供給し、それがメキシコ湾流を含む海洋大循環の停止につながり、寒冷化を引き起こした。その後、氷山の流出は止まって本体の氷床はまた成長して厚くなっていく。氷床の成長・崩壊と海洋大循環というベルトコンベヤーのオン・オフがセットになって急激な気候変動が起こっているのだ。

縮小するグリーンランド氷床

いまは氷河時代の間氷期のためハインリッヒ・イベントを引き起こしたローレンタイド氷床や、もう少し小さかったアイスランド氷床やスカンジナビア氷床は存在せず、氷床はグリーンランドと南極に限られている。それぞれの氷床からは掘削によって柱状試料（氷床コア）が得られ、古気候の解明に大いに役立っている。

氷床コアの分析結果が急激な気候変動があったことを明らかにし、現在の地球温暖化に警鐘を鳴らした。一方でその氷床は今後の気候変動の面からは不気味な存在になる。いずれにしろ氷床と気候変動は切っても切れない関係にある。

グリーンランドの氷床がいま縮小しているのは間違いない。グリーンランド氷床の一部融解による北大西洋への淡水供給が海洋大循環に影響を与えないのか、といった疑問もあるが、いまのところ淡水供給量はそこまでは達していないという。

二つの氷床とも今世紀中に崩壊する可能性はないとされるが、大規模な氷床の崩壊は突然かつ急激に生じることが知られている。中でも西南極氷床が一気に崩壊することはあり得る。だから、これからは海面上昇を大いに気にしなければならない。

前述したようにグリーンランド氷床が完全に解けると海面を七メートル上昇させ、南極の氷床の場合はその一〇倍近い六〇メートルも上昇させるという。特に南極氷床の融解は世界の主要都市のほとんどを水面下に追いやってしまう。

2　カギ握る海洋大循環

大ヒットした災害パニック映画

東京に巨大な雹（ひょう）が降り、米国カリフォルニアでは猛烈な竜巻が発生する。氷期が突然やって来たような気候の大変動が起こり、極地のような寒さに襲われた北米の何百万人の人々がまだ温暖なメキシコに移動する。ニューヨークに取り残された人たちは生き残りのために助け合い、励まし合う。そして米国政府に気候変動の恐ろしさを訴え続けた気候学者がニューヨークで助けを待つ息子と感動の対面を果たす……。

これが日本でも二〇〇四年に大ヒットし、その後も気候変動というと引き合いに出されることが多いハリウッドの災害パニック映画『デイ・アフター・トゥモロー』が描き出した急激な気候変動の世界である。

世界の海流の一つであるメキシコ湾流を含む海洋大循環が、地球温暖化によるグリーンランド氷床の融解などが原因となって止まると、氷期到来といった急激な気候変動を招くとされる。

これが『デイ・アフター・トゥモロー』のモチーフとなった。「あんなことは起こるわけがない」「映画だけの世界」という声が上がったが、自然を侮るわけにはいかない。

予想外に大きな海洋循環の役割

地球上での熱の分配は大気循環と海洋循環によって行われ、大規模な自然現象を見る限りでは大気のほうが主役という印象を与える。しかし、海洋循環も予想外に大きな役割を果たしている。中でもメキシコ湾流を含む海洋大循環は大西洋子午面循環、海洋熱塩循環などとも呼ばれ、その停止は最終氷期のハインリッヒ・イベントや最終氷期から間氷期に向かう際のヤンガー・ドリァス期でみたように、一気に寒冷化を引き起こすことが分かっている。海洋大循環は温度や塩分のコントラストに伴って流れることから、熱塩循環の名がある。

北大西洋のグリーンランド海やノルウェー海、アイスランド海では南方の海から流れてきた塩分濃度の高い表層水が冷やされ、一層密度が高くなって深層まで沈み込んでいる。

もともとこの表層水は亜熱帯海域から暖流のメキシコ湾流によって運ばれてきたもので、メキシコ

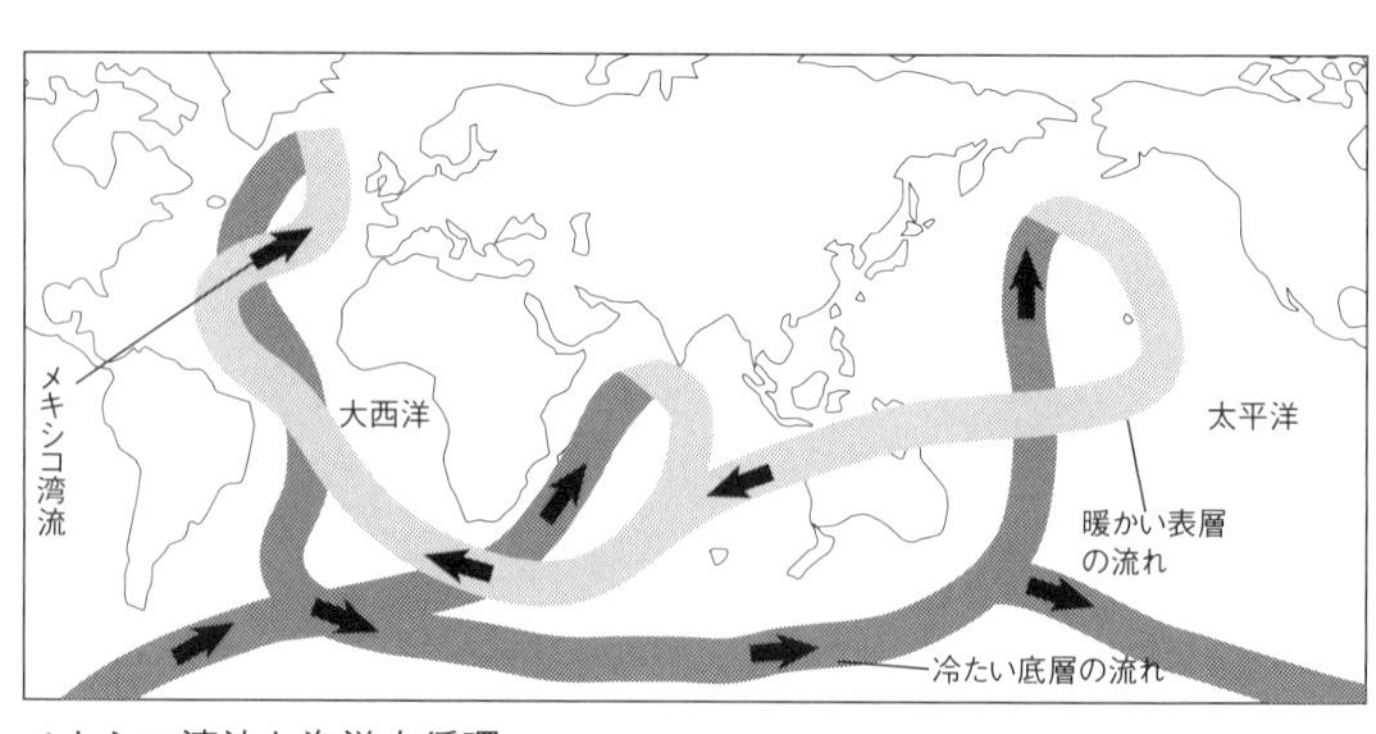

メキシコ湾流と海洋大循環

湾流は北大西洋で沈み込む水を補う役割を果たしている。沈み込んだ深層水は大西洋の底層を南下し、南極付近まで到達して高密度の南極底層水と合流する。この南極底層水が世界の気候に及ぼす影響も大きいのだ。

両方が合流した後、東に流れ、インド洋や太平洋で表層まで浮上した後、再び大西洋に戻る。地球の広い海洋をまたにかける海洋大循環の単位時間当たりの流量は、アマゾン川の一〇〇倍、世界の全河川の流量の二〇倍近くに達するほどで、一周するのに約二〇〇〇年かかるという。

欧州の気候を支える海洋大循環

まさに壮大なスケールの海洋大循環は赤道付近の熱を極地域に運び、赤道付近が暑くなり過ぎたり、極地域が寒くなり過ぎるのを防ぐ役割を果たしている。地球が太陽から得たエネルギーの再配分と気候の平均化に役立っていると言うことができるだろう。

この海洋大循環によって欧州の気候は支えられ、ノルウェーでは北に行くほど暖かくなっている。また海洋大循環は季節風のモンスーンを暖め、欧州内陸部や米国、中国などを温暖な気候にしている。

ところが海洋大循環を動かしている海水の密度の差はごくわずかなため、安定した流れにはならない。例えば氷床の一部崩壊によって氷山が北大西洋に流れ込んで淡水が供給されたりすると、海洋大循環のベルトコンベヤーがオフになってしまい、そして氷床がまた成長を始めればオンに戻る。

氷床という不気味な存在を抱えるから海洋大循環はいわば簡単に気候変動の引き金を引き、人類や生物にとって不都合なことを起こしてしまう。

氷床の融解で海洋循環が止まる!?

これから心配なのは、グリーンランド沖の温暖化によって表層水が冷やされにくくなることと、北極海の氷やグリーンランド氷床の融解による大量の淡水の流れ込みや高緯度での降水増加によって海水塩分が薄まっていくことだ。ともに北大西洋で表層水が沈み込む速度を落とし、場合によっては止めてしまう。IPCC（気候変動に関する政府間パネル）は「大西洋の海洋大循環は二一世紀末までに二五％前後弱まる可能性がある」としており、今世紀中の海洋大循環のストップはなさそうだ。

しかし、予測できない事態で海洋大循環が急激に弱まり、あるいは停止すれば、ヨーロッパの極端な寒冷化やアフリカの低緯度地帯の一層の温暖化など全世界の気候に大規模な影響を及ぼすと考えられる。北大西洋は表層水が深層に沈む込む場所、海洋大循環のベルトコンベヤーのスイッチがオン・オフされる場所であるから、現在の気候システムの挙動を左右する海域と言えるだろう。監視を怠るわけにはいかない。

3　大陸移動や火山活動の関与

大陸移動説からプレートテクトニクス理論

二〇一一年の東日本大震災を引き起こした東北地方太平洋沖地震や今後起こると予想される南海トラフ巨大地震など、海での大地震発生のメカニズムを説明するのに使われるプレートテクトニクス理論は、火山活動や気候変動にも密接にかかわる。地球は地殻、マントル、核（外核と内核）で構成されるが、プレートテクトニクス理論は地殻や上部マントルという地表付近の現象を明らかにしたのに対し、地球深部にある核から地表まで全地球の運動を説明できるプルームテクトニクス理論が新たに登場している。

プレートテクトニクス理論のもとになった大陸移動説は、ドイツの地理学者のウェゲナーが一〇〇年以上前に、アフリカと南アメリカの海岸線がぴったり合うという事実をつかんで提唱したものだが、ウェゲナーは当時の学界から総スカンを食い、失意のうちにグリーンランドで遭難死した。いったん忘れ去られた大陸移動説が一九六〇年代後半から七〇年代にかけてプレートテクトニクス理論として復活した。

同理論によると、地球の表面は厚さ数十〜一〇〇キロメートルの大小十数枚のプレート（板、岩板）で覆われている。一部のプレートは中央海嶺（海底に連なる火山帯）から刻々と湧き出し、一年間に数センチというゆっくりしたスピードで沈み込み帯の海溝で地球内部に沈み込んでいる。

火山ガスとしてのCO_2放出は、中央海嶺や沈み込み帯の火山活動によるものだ。特に沈み込み帯では、地球全体の岩石風化作用でCO_2が固定されてできた炭酸カルシウムなどの炭酸塩鉱物が熱分解して再びCO_2となり、活発な火山活動によって大気中に放出されるというリサイクルが生じるため、膨大な量のCO_2を供給し続けている。こうして火山活動によって大気中のCO_2濃度が決まり、気候を左右することになる。

スーパープルームが引き起こす巨大噴火

一方でプルームテクトニクス理論は、地球の内部を動かしているのは、地球の地殻と核の中間にあるマントルの内部で上昇したり、下降したりするキノコ状のプルームだという考え方だ。特に大規模なプルームはスーパープルームと呼ばれる。

この理論によってプレートテクトニクス理論では分からなかった超大陸の形成、分裂のメカニズムをよりよく説明できるようになった。スーパープルームの上昇によって大量の溶岩を噴出する巨大噴火も起こっており、そうした跡が「洪水玄武岩」の台地としてシベリアなどで見つかっている。プルームの動きが引き起こす巨大噴火は我々がこれまで経験してきた火山噴火とは根本的に異なるものと理解すべきだろう。

地球の氷河時代と無氷河時代（温暖期）を分けている大きな原因は、大陸配置と大気中CO_2濃度と考えられる。大陸移動はマントルの対流がもたらし、一方の大気中CO_2濃度の変動は火山活動と関連する。いずれも数千万年という時間スケールで変動している。

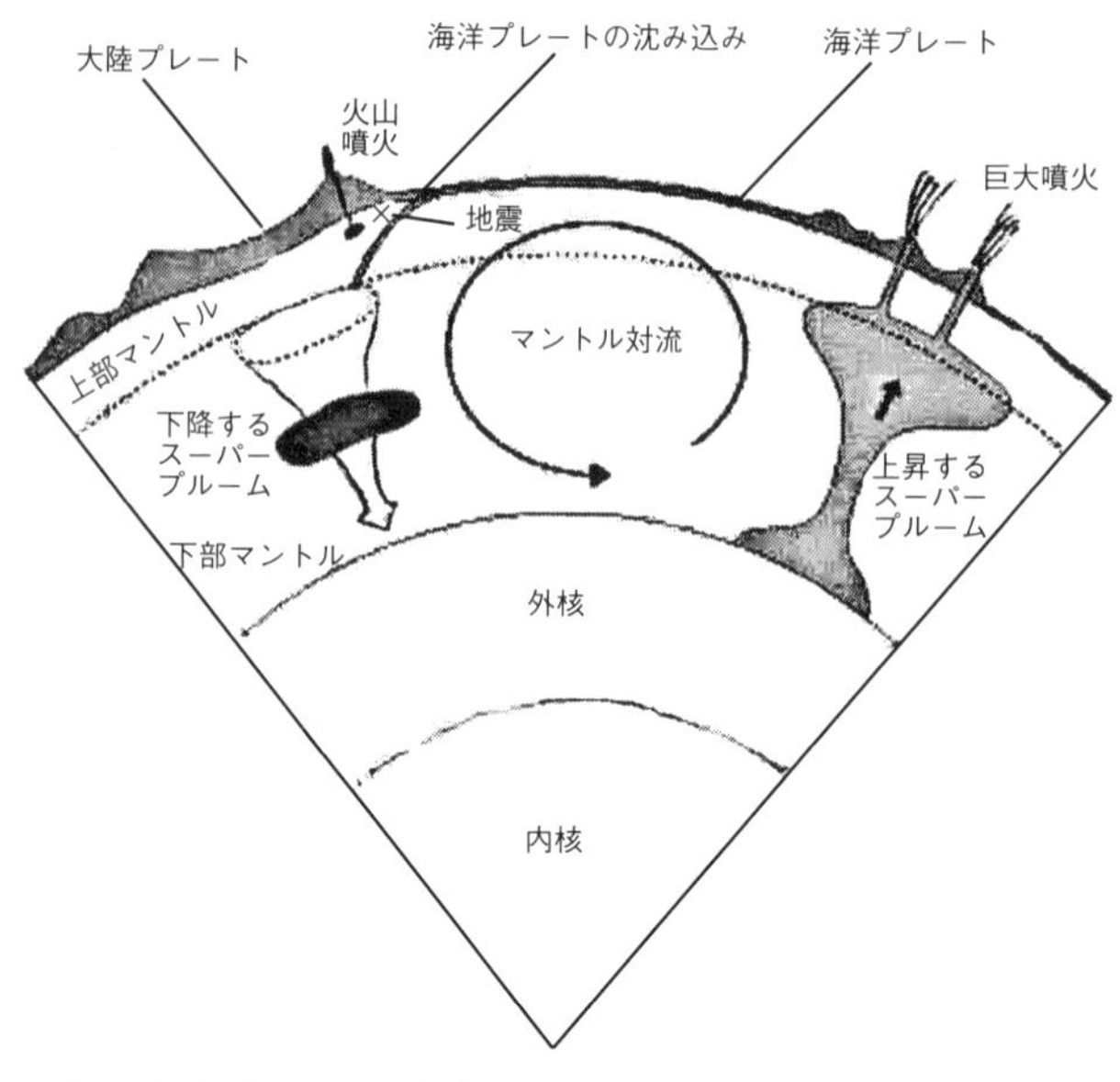

プレートとプルームの動き
（マントル対流（プルーム）がプレート運動を引き起こしている）

生物進化上、重大な事件であるカンブリア大爆発をもたらした五億四〇〇〇万年前の古生代カンブリア紀の始まりは、原生代の超大陸ロディニアが大小さまざまなピースに分裂した時期と一致する。その後も大陸は集合・分裂を繰り返し、地球の気候や生物の進化に大きな影響を与えてきた。白亜紀中ごろが非常に温暖だったのも、スーパープルーム上昇によって超大陸パンゲアが分裂し、巨大噴火が起こってCO_2濃度が上昇したことと関係すると考えられる。大陸移動に絡むプレートテクトニクス理論やプルームテクトニクス理論は、まさに気候変動とつながりが深いことが分かるだろう。

フランス革命の遠因となった火山噴火

こうして火山活動は地球の何十億年とい

1991 年のフィリピン・ピナツボ山の大噴火（出典：Wikipedia）

う長期的な気候変動に関与し、白亜紀などの温暖な気候をもたらした。一方で火山の大噴火は短期的な気候変動にも影響を与え、こちらは地球の温暖化ではなく寒冷化につながっている。

過去の例を見ると、一七八三年に浅間山が歴史的な大噴火を起こし、同じ年に距離的にずっと離れたアイスランドのラーキ山も大噴火した。同時期の二つの大噴火で噴出した火山灰の微粒子（エアロゾル）が成層圏まで広がり、地球に届いた太陽光を宇宙空間に反射した。このため数年間にわたって地球全体がかなり寒冷化し、生態系に大きな影響が出たといわれる。六年後の一七八九年のフランス革命の背景に、二つの噴火による冷害と農民の生活困窮があったと考えられる。

一八八三年にはインドネシアのクラカタウ山が火山島一つ吹き飛ぶほどの大噴火を起こした。ちょうど一〇〇年前の浅間山の噴火と同様に、舞い上がったエアロゾルが世界の気候を変え、冷夏や作物の不作を引き起こした。クラカタウ山の爆発は系統だった研究が初めて行われた噴火だが、世界のほぼ全域で直射日光を一〇～二〇％遮ったことが分かり、大気中に漂うエアロゾルによって三年ほど青い月が観測されたという記録が残る。それより前の一八一五年、同じインドエネシアのタンボラ山が噴火したが、その規模はクラカタウ山大噴火を超える規模で、気温が現在より低かった時代にさらに一度下がったといわれ、社会にとてつもなく大きな影響を及ぼした。

二〇世紀に入ってからは一九九一年のフィリピン・ピナツボ山の大噴火が有名だ。成層圏まで達したエアロゾルが太陽光を反射し、翌年の世界の平均気温が前年より〇・四度低下した原因になったと考えられる。その影響は噴火後四年間に及び、二〇世紀最大の噴火となった。

火山噴火を上回る温暖化ペース

プレート運動が活発な地球上では、いつクラカタウ山やタンボラ山のような大噴火が起こってもおかしくない。地球温暖化が進む中で大噴火が起きれば、その影響がまさって寒冷化に向かう可能性もある。縄文時代の早い時期に鹿児島などの南九州に発達した文化は、今から六三〇〇年前の火山大噴火で衰退したという説も出ている。自然現象の噴火の影響を軽視するわけにはいかない。

いまでも大陸は動き、火山は噴火して地球環境を変化させているが、そんな変化をはるかに上回るペースで温暖化による気候変動が起ころうとしている。

4　太陽活動の影響とミランコビッチ・サイクル

一一年周期の太陽

太陽が地球に与える影響はとてつもなく大きい。太陽があって初めて地球は誕生したし、地球を温暖な気候に保ち、生命を誕生させたのも太陽があったからにほかならない。

太陽が地球に降り注ぐ膨大なエネルギーのうち三割は反射などによって宇宙に逃げ、残りの七割が地球に吸収される。それでも太陽が放出するエネルギーの一〇億分の一程度しか地球に届いていない。太陽で起こっている核融合反応のものすごさが分かる。

太陽活動が一一年周期で変動していることはよく知られる。太陽の黒点の数が増えると太陽活動が活発化して日射が強くなり、数が減ると太陽活動はにぶる。黒点の数が増える極大期には、太陽表面ではフレアと呼ばれる爆発現象がたびたび起き、エネルギーの高い粒子が大量に宇宙に放出される。

黒点活動の一一年周期が生まれる過程や黒点の数が増減する仕組みはきちんと解明されているわけではない。太陽光の強さは約一〇年周期で〇・一%程度変わるに過ぎない。数百年の変動も同じくらいだろうとみられ、これでは大きな気候変動につながる可能性は低い。一九世紀半ばまで続いた小氷期は太陽の黒点活動の低下が大きな原因という説が一時受け入れられたが、現在ではほかの要因に関心が集まっている。太陽活動そのものが地球の気候変動に与える影響は意外に小さいようだ。

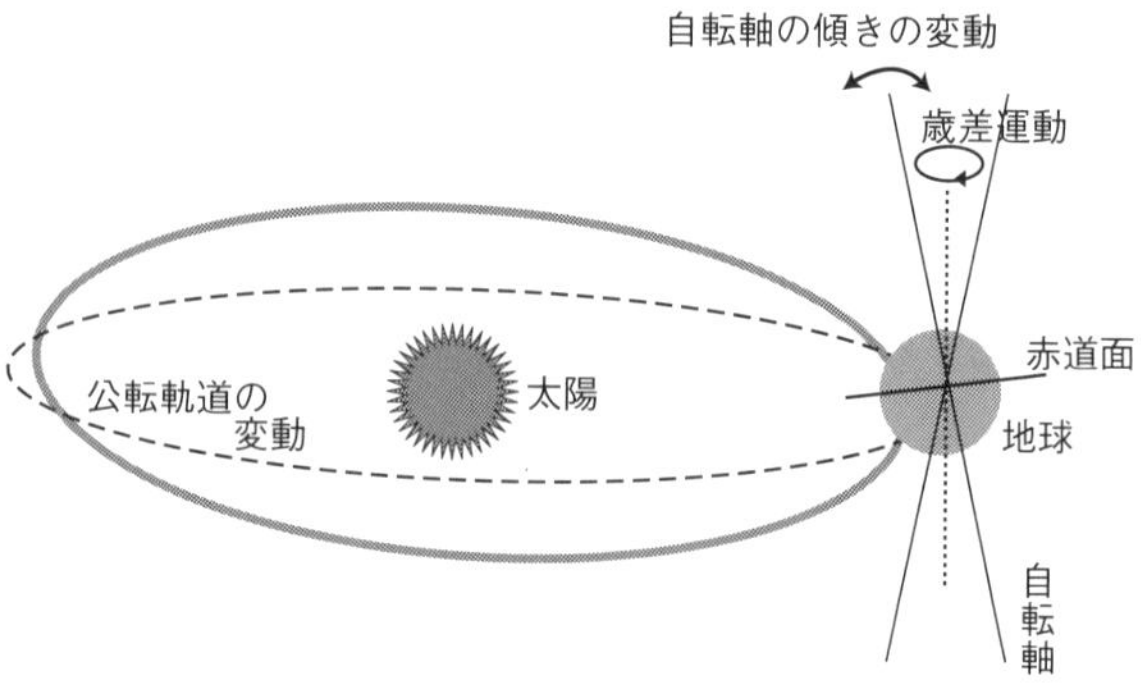

ミランコビッチ・サイクルの模式図

複雑な地球の天体運動と気候変動

一方で地球上の気候変動には、地球自身の公転軌道の変動や自転軸のゆらぎなどが深くかかわる。地球の複雑な天体運動によって自らが太陽とどんな位置関係になり、どれだけ太陽の日射量を受けるかが、気候の変動につながると考えると分かりやすい。

これに関連して太陽から受ける日射量の周期的変化をさすミランコビッチ・サイクルという現象が知られている。セルビアの地球物理学者、ミルティン・ミランコビッチが一九三〇年代に唱えた。これはそれぞれ数万年オーダーの周期を持つ地球公転軌道の変動、自転軸の傾きの変動、地球のみそすり運動といわれる歳差運動の三つが重なり、地球への日射量が長期的に変化するとみる。長期的な気候変動と関係し、日射量の極小期が氷期に、極大期が間氷期になって氷期・間氷期サイクルを生み出すというのだ。

細かく見ると、太陽の周りを回る公転軌道の変動が約一〇万年周期、自転軸の傾き（二二・一～二四・五度の間）の変動が約四万年周期、月や太陽の潮汐力によって自転軸がコマのように揺らぐ歳差運動が約二万年周期となっている。これらの周期が複雑に絡み合うことで地球への太陽エネルギーの入射量は地域や季節によって微妙に変化し、氷床の形成や融解にかかわって長期的な気候変動を招くという。

復活したミランコビッチ説

ミランコビッチ・サイクルの計算は非常に複雑で、おまけに理論と実際が合わないこともあって、この考え方は一時廃れた。ところが、一九七〇年代の海洋底掘削調査によってミランコビッチ・サイクルが気候変動の周期と近いことが分かった。

具体的には地球では約一〇万年周期の大きな気候変動（氷期と間氷期）のほか、四万年や二万年の気候変動（亜氷期と亜間氷期）が存在することが明らかになり、改めてミランコビッチ説が注目を集めた。ウェゲナーの大陸移動説と似た経過をたどったが、実はウェゲナーとミランコビッチは交友関係があり、当時、気候変動の原因について議論していたという。

地球科学の発展に大きく貢献した二人は生前、ほとんど学界では認められな

ミルティン・ミランコビッチ（出典：Wikipedia）

い存在だったという共通点を持つ。

東京大学がスーパーコンピュータで解明

ミランコビッチ・サイクルに関連して東京大学の研究グループはスーパーコンピュータを使って、地球の軌道変化が氷期や間氷期を生む引き金になり、CO_2の濃度変化が変動を増幅させるという結果を導き出した。

地球への日射量変化だけでは観測値と合わなかったため過去四〇万年間のCO_2濃度の変化を入れて計算した結果、過去の気候変動をよく再現できたという。これは、ミランコビッチ・サイクルにCO_2濃度の変化が重なることが長期的な気候変動を生む原動力になることを示す。

地球の天体運動の変化だけでは気候を大きく変動させる力を持たないが、それにCO_2の増減が加わると違ってくるというわけだ。

「なぜ氷河時代が訪れるのか」という問いに関しては、いまでも研究者が熱い議論を重ねている。地球が太陽の周りを回る軌道の揺れにより地球に届く太陽光の量が微妙に変わるためではないか、というのが共通認識になりつつある。

地球の環境は、太陽から受けるエネルギー、そのエネルギーを地球がどれだけ宇宙に反射してしまうかを示す惑星アルベド、それに大気の温室効果という三つの要素によって成り立っている。太陽は億年スケールの現象としてはだんだん明るくなるが、しばらくは太陽活動が低下している状態が続くという。我々の化石燃料使用によって温室効果は今後、急激に増していく。さらにミランコビッチ・

サイクルも微妙な影響を及ぼす。地球の自転軸は現在、公転面から二三・四度傾いているが、これが変動すれば惑星アルベドを変える。これから温暖湿潤な地球環境がどう変わろうとしているのだろうか。

5　宇宙からの影響は

気候乱す宇宙からの飛来物

身近な存在の太陽はさておいて、宇宙は地球の気候にどんな影響を与えてきたのだろうか。地球上の生命のもとは宇宙からもたらされたという主張があるが、まだ宇宙の役割については分からないことが多い。

最近は宇宙気候学が登場し、「地球の複雑な気候変動や地球史上の未解決の大事件は、どこまで宇宙からの影響ということで説明できるのか」というテーマにスポットを当て始めた。そして科学者たちは太陽圏を取りまく宇宙環境の変動や宇宙と地球をつなぐ宇宙線の役割などを解明しようと意気込んでいる。

宇宙からの影響で最も目立つのは何と言っても巨大隕石の落下だろう。これまでに述べたことを改めて振り返ると、六五〇〇万年前にメキシコのユカタン半島に巨大隕石が落下し、「衝突の冬」と呼ばれる急激な寒冷化が当時栄えていた恐竜などを滅ぼしたという説が広く受け入れられた。隕石落下による寒冷化は、今度は大量に発生したＣＯ^{2}による温暖化に取って代わられ、その後、温暖化が何十万年も続いたという。寒冷化から温暖化への激しい気候変動の引き金を引いたのは隕石落下だった。

これまでに起きた五度の生物大量絶滅のうち三億六〇〇〇万年前の古生代デボン紀末と二億年前の中生代三畳紀末のケースは、白亜紀末と同様に隕石落下が原因という説が根強い。最終氷期から現在の間氷期に移行する際に起きた急激な「寒の戻り」のヤンガー・ドリアス期は、海洋大循環の停止が原因だとされてきたが、宇宙から飛んできた天体のローレンタイド氷床への衝突などによって寒冷化が引き起こされたという説が唱えられるようになった。宇宙からの飛来物はこれまで考えられた以上に地球の気候をかき乱している可能性がある。

スターバーストが全球凍結を引き起こした?

太陽系の銀河系内移動が地球の気候変動に影響を及ぼしてきたという考え方もある。銀河系内移動に伴って宇宙環境が大きく変化し、全球凍結や生物大量絶滅などが起こっているのではないかというのだ。

天の川銀河で多数の星が一気に死を迎えて多量の宇宙線を放出するスターバーストが起きた時期と地球の全球凍結の時期が一致する、といった説も出てきている。

スターバーストに関しては、地球上ではこれまでに四六億年前、二三億年前、八億年前の三回起こり、二回目と三回目のスターバーストが起きたのは地球全体が氷で覆われた全球凍結のあった時期に近いことから、スターバーストが全球凍結に影響を及ぼしたという考え方が出てきた。多量の宇宙線が地球に降り注ぐと大量の雲が発生し、地球に入る太陽エネルギーを遮るために気温が低下するというのだ。

四億四〇〇〇万年前のオルドビス紀末の生物大量絶滅については、超新星より一ランク上の極超新星爆発からのガンマ線バーストで引き起こされたという説がある。しかし、ガンマ線バーストが本当に生物絶滅を引き起こすかどうかは解明されていない。

進展著しい宇宙気候学

宇宙線が地球の気候に影響している可能性が高いとも言われ、最近は太陽活動に関連して地球に到達する宇宙線の強度が注目されている。太陽活動が活発化すると磁場が大きく乱されて地球に到達する宇宙線は減少するため、地球を覆う雲の量が減少し、地表に到達する太陽エネルギーが増加するため気温が上昇するというのだ。この説を好む温暖化懐疑論者などは、宇宙線によって大気中にできたイオンが核となって雲を作ると説明するのだが、宇宙線によって生成される雲の量などまだ分からないことが多く、現段階では信憑性がかなり低いようだ。この説では、成層圏で現在、温度が下降している事実などの説明もつかない。

最近の進展が著しい宇宙気候学に立って、地球を銀河系のシステムに組み込まれた一つの要素という視点で捉え直せば、地球でこれまで起こった急激な気候変動などさまざまな現象の理由がはっきり見えてくる可能性がある。さらには今後の地球の変動をより正確に予報できるようになるかも知れない。いまの温暖化はまさに地球内部での出来事だが、宇宙まで広げた視点で温暖化を見つめることの重要さも示している。

6　過去のCO_2濃度の変遷

CO_2濃度のデータを集めたキーリング博士

大気中のCO_2濃度が着実に増加していることが明らかになったのは、米国のチャールズ・D・キーリング博士の業績だ。

測定は一九五八年から太平洋の真ん中に位置するハワイ島のマウナロア山で始まった。この地点は産業活動などによる影響を受けないことから選ばれた。キーリング博士が毎日、気球を上げ、上空の大気を採取して分析するという方法で測定を行い、数年でグラフを作成するのに十分なデータがそろった。そしてCO_2濃度が上昇していることが鮮明になった。

グラフはまっすぐに上昇しているわけではない。ギザギザを描きながら右肩上がりになるが、これは植物の光合成が活発な春と夏にはCO_2濃度は植物による吸収で下がり、秋と冬にはその逆で上昇するという季節変動を示すからだ。人間活動の影響が大気中に現れない産業革命以前の一七五〇年にはCO_2濃度は約二八〇ppmと推定されるのに、二〇〇五年のマウナロア山上空では一〇〇ppmアップの三八〇ppmを超えるまでになった。温暖化関連のさまざまな書籍や論文に紹介されることの多いこのグラフは世界の科学史上、たぐいまれなデータと言っていい。

マウナロア山などで直接測定されたデータに加えて、グリーンランドや南極の氷床で掘削した柱状試料（氷床コア）や万年雪からは過去の大気中CO_2データが得られ、まず過去一〇〇〇年にわたる

CO_2濃度の経年変化が明らかになった。CO_2濃度は産業革命ごろから増え始め、一九世紀半ばから急増傾向を示すことがはっきりした。さらにはグリーンランドの氷床コアから過去一二万年の気候変動が読み取られ、最終氷期にダンスガード・オシュガー・イベントなどの急激な気候変動が起こったことが分かった。

古生代前半は現在の二〇倍のCO_2

さて、これまで大気中CO_2濃度はどのような変遷をたどったのか。地質時代の区分では五億四〇〇〇万年前に古生代が始まって、以下中生代（二億五〇〇〇万年～六五〇〇万年前）、新生代（六五〇〇万年前～）と続くが、この古生代からの五億年余を顕生代と呼んでいる。この間、CO_2濃度は大きく変動したことが、複数の方法で推定された値から読み取れる。

チャールズ・D・キーリング博士（出典：Wikipedia）

古生代前半は現在（便宜上、産業革命前の約二八〇ppmと考える）の二〇倍程度の高い濃度だったが、約三億年前の古生代後期（石炭紀）には現在と同じ程度にまで低下し、ゴンドワナ氷河時代と呼ばれる大氷河時代を迎えた。

その後、中生代中ごろには現在の数倍～一〇倍程度にまで増加するが、新生代後期には現在のレベルまで

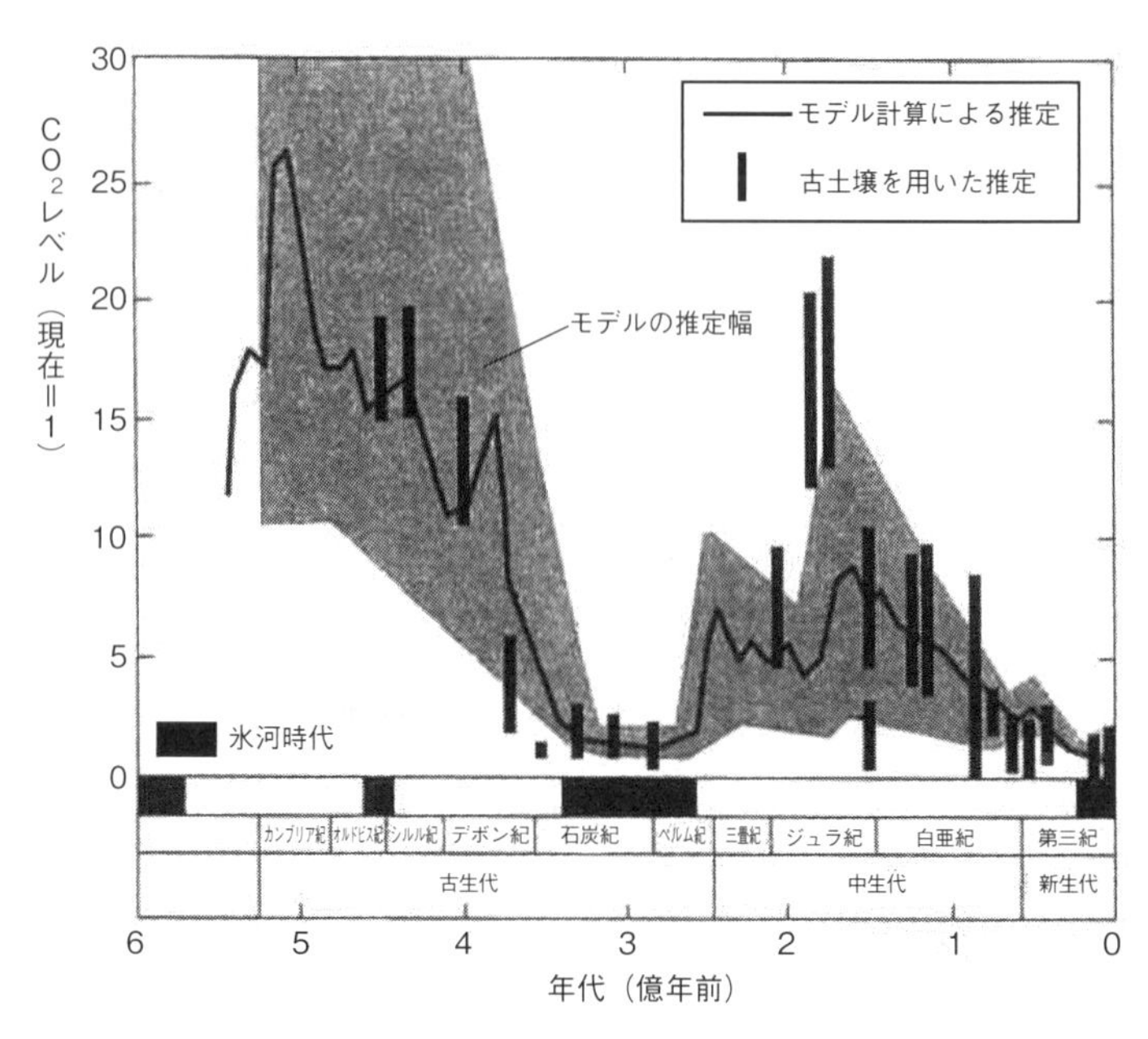

顕生代を通じた大気中CO2濃度の変動
（『地球環境46億年の大変動史』の図を一部改変）

低下するという変動を示している。新生代の初期の五六〇〇万年前にはPETM（暁新世・始新世境界温暖化極大）があってCO_2濃度はかなり上昇した。

新生代の六五〇〇万年間を見ると、比較的気温の高い時代は大気中のCO_2濃度も高いことが分かっている。大ざっぱに言えばCO_2濃度は中生代後半から新生代の初めごろまで一〇〇〇ppmほどだったが、その後、徐々に下がった。南極に氷床が現れて氷河時代に入る約三四〇〇万年前は、CO_2濃度が一〇〇〇ppmを大きく下回った時期だった。

一方でグリーンランドの氷床は、CO_2濃度がさらに下がって四〇〇〜三〇〇ppmだった約三〇〇万年前に出現した。その後はCO_2濃度は産業革

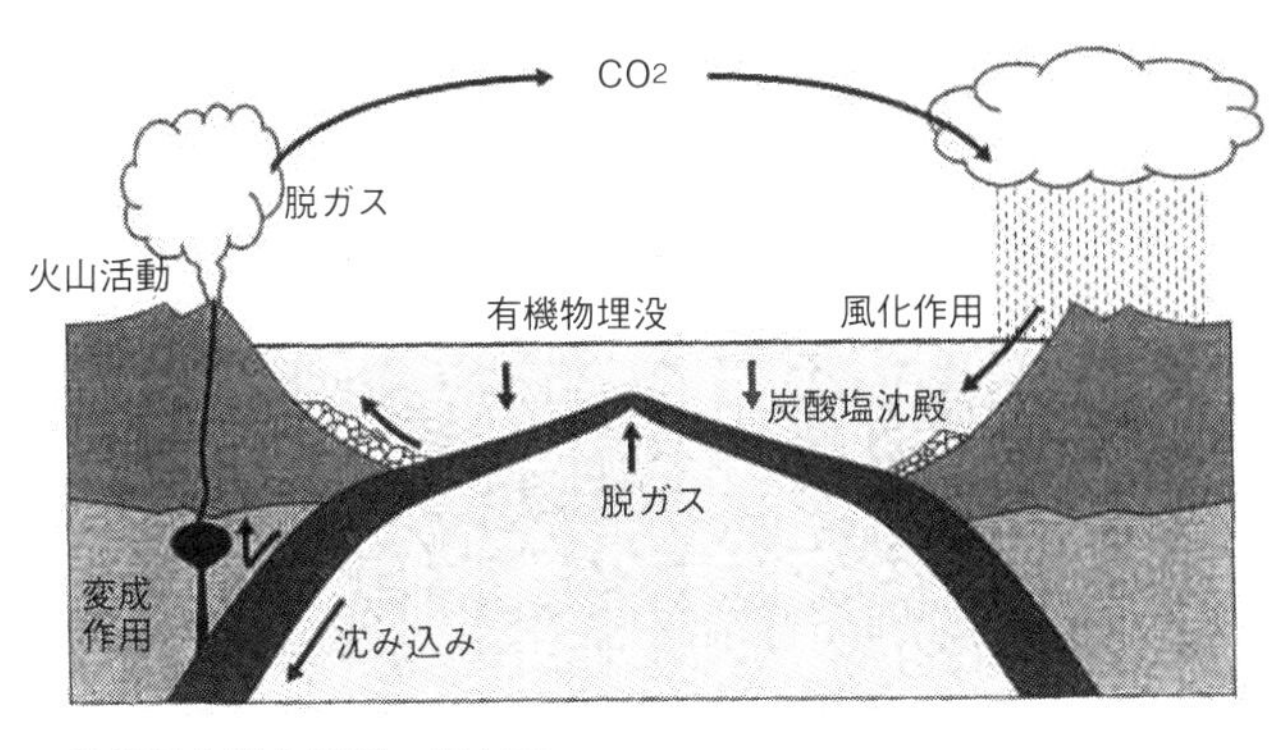

長期的な炭素循環の概念図

命が始まるまで三〇〇ppmを超えることはなく、約二万年前の最終氷期最寒期はグリーンランド、南極ともに約一八〇ppmだった。産業革命前は約二八〇ppmだったから、氷期には三〇%以上も低かったことになる。

古生代よりさらにさかのぼった大気中CO_2濃度に関するデータは少ないが、原生代（二五億年〜五億四〇〇〇万年前）後期にあたる約一四億年前の中国の地層から得られた生物化石を用いて、CO_2濃度は現在の一〇〜二〇〇倍程度という値が出た。いろいろな不確定要素を伴う研究結果だが、理論的な推定範囲に入っており、当時のCO_2濃度が現在よりかなり高かった証拠だとされている。地球誕生から間もない冥王代（四六億年〜四〇億年前）のCO_2濃度は現在の何千倍もあったという推定だ。

長期間にわたるCO_2の固定

こうした長期的に低下傾向を示すCO_2濃度の推移を見ると、地球上で現在までの間にCO_2の除去メカニズムが有効に働いてきたことが分かる。大陸表面では雨や地下水に含まれたCO_2を炭酸塩鉱物として固定する岩石の風化作用が進み、また海の中では化学反応で炭酸塩鉱物が沈殿する。この両方が地球史を通じてCO_2を除去するメカニズムと考えられる。このほか生物の光合成反応によってCO_2が有機物として固定され、堆積物となる過程もCO_2の除去に役立ってきた。

地球表層には現在、炭酸塩鉱物（石灰岩が主成分）や有機物としてCO_2六〇～八〇気圧に相当する炭素が含まれている。これだけの量が、もともとは大気や海水中にあったCO_2が長期間にわたって固定された。固定されたCO_2は火山噴火などによって再び大気中に出てくるが、こうした一連のCO_2の挙動は炭素循環と呼ばれている。もし、巨大噴火など何らかのきっかけによって固定されたCO_2の放出が始まれば、大気中CO_2濃度は一気に増えるだろう。

現在のCO_2濃度は、約三億年前のゴンドワナ氷河時代と並んで顕生代では最低レベルということになる。おそらくは地球の歴史を通じても最低レベルだという。現在はグリーンランドや南極に氷床があって氷河時代に属するから当然なのだが、我々人類は寒冷な時代を生きてきた。ところが産業革命以降、CO_2レベルは約四〇％増加し、四〇〇ｐｐｍに達してしまった。キーリング博士も地味なCO_2測定が重大な結果を人々に突きつけるとは思いもしなかったのではないか。

7　気候が先か温室効果ガス濃度が先か

ガス濃度と気温変化の明確な相関関係

大気中のCO_2やメタンなど温室効果ガスの濃度変化と気温の変化には、非常に強い相関関係があることが分かっている。たとえば現在の氷河時代の氷期と間氷期に対応して、CO_2濃度は約一八〇ppmから約二八〇ppmの間を変動した。つまり氷期は間氷期よりもCO_2濃度が一〇〇ppmも低いのである。CO_2濃度が高ければ気温も上がっていると考えていいだろう。少なくとも過去八〇万年間にわたる気温の変動は、大気中のCO_2濃度の変動とみごとに重なり合っている。

CO_2濃度上昇が先ではなかった!

そうすると、気温が上がったからCO_2濃度が上がったのか、それともCO_2濃度が上がったから気温が上がったのか、という疑問が当然ながら出てくる。気温の上下は気候に関連するから「気候が先か温室効果ガス濃度が先か」という疑問に置き換えることもできる。

これまでの研究結果によると、気温が下がっていく寒冷化の時期は、CO_2の減少はかなり遅れているようにみえる。気温上昇時の変化は速くて分かりにくい面があるが、最近では気温上昇が先行し、続くCO_2増加が昇温をより確実なものにしていると理解されるようになった。結局は気温の変化によってCO_2濃度が変化する、つまり気温（気候）が先だったのである。

なぜ気温がCO_2濃度より先行するのか。

例えば、気温が上がっている期間は、陸や海からCO_2が大気中に放出され、逆に気温が低い時期には陸や海が大気中のCO_2を吸収することによって大気中CO_2濃度が変動すると考えられた。具体的には温暖化して海水温が高くなると海水中のCO_2の溶解度が下がる、あるいは温暖化で永久凍土が解けてメタンが放出される、といったことが起こる。しかし、いまだにさまざまな仮説があり、明快な答えは得られていない。気温はCO_2濃度とは関係なく、地球の公転・自転の軌道要素や太陽活動の変化などによって変動することも知られている。

CO_2濃度上昇抜きには気温上昇を説明できない

気温が先だと分かったことから、温暖化懐疑論者は「CO_2の増加によって地球温暖化が起こるという主張は間違っている」と温暖化論を否定する一つの理由に挙げる。

これに対し、温暖化の専門家は「気温が先に上昇して海がCO_2を放出したとしても、そのCO_2の温室効果が働いて気温はさらに上昇する」などと反論する。つまりCO_2増加が気温上昇の原因であろうが、結果であろうが、気温上昇を増幅する、ということだ。

コンピュータによる計算でも、近年の気温上昇はCO_2をはじめとする温室効果ガスの濃度上昇なしでは説明できないことが分かってきた。人間活動によるCO_2排出が気候に重大な影響を与えていることはほぼ間違いない事実だと考えられ、温暖化懐疑論が入り込む余地はもはやない。

前述したように、火山活動によるCO_2の放出、大陸での岩石風化作用、海洋での炭酸塩鉱物の沈殿、それに生物の光合成作用などから成るCO_2の一連の挙動は炭素循環と呼ばれる。大気中にCO_2の形で存在する炭素は地球をめぐりめぐっているのだ。これに対し、化石燃料の燃焼や森林伐採などによる人為的なCO_2放出が増え続けている。

気温とCO_2濃度の関係には謎が多い

そうした地球全体の炭素循環は、少なくとも産業革命まではバランスがうまく取れていた。氷床コアに閉じ込められた大気の分析によってCO_2濃度が数千年にわたってほぼ一定だったことがそれを証明している。炭素循環が温度調節メカニズムを担っていたのだが、いまやバランスが崩れた。これまでは大気中のCO_2濃度が増加しても、陸や海の吸収量が増えて大気中濃度を一定に保ってきたが、限界点に達したようだ。いま大気中に急激に増えるCO_2は効率よく除去されることなく、気温上昇を加速する役割を果たしている。「気温が先」であっても、人為的な温室効果ガスの増加は気温上昇をさらに確実なものにしているのだ。

気温と大気中CO_2濃度の関係についてはまだよく分かっていないことが多い。例えば最終氷期（一八〇ppm）から間氷期（二八〇ppm）までの一〇〇ppmのCO_2上昇で気温は五度以上上がったのに、その後、現在までの一〇〇ppm以上の上昇では気温は一度程度の上昇に過ぎない。なぜなのか、いまのところまったく説明がつかない。今後の温暖化の経過を予測するにはこうした点の解明も欠かせない。

8　謎の一〇〇万年周期説

氷期・間氷期はどのように繰り返すのか

いまは氷河時代の間氷期だが、間氷期と氷期はどんな周期で繰り返されているのか。そこで登場す

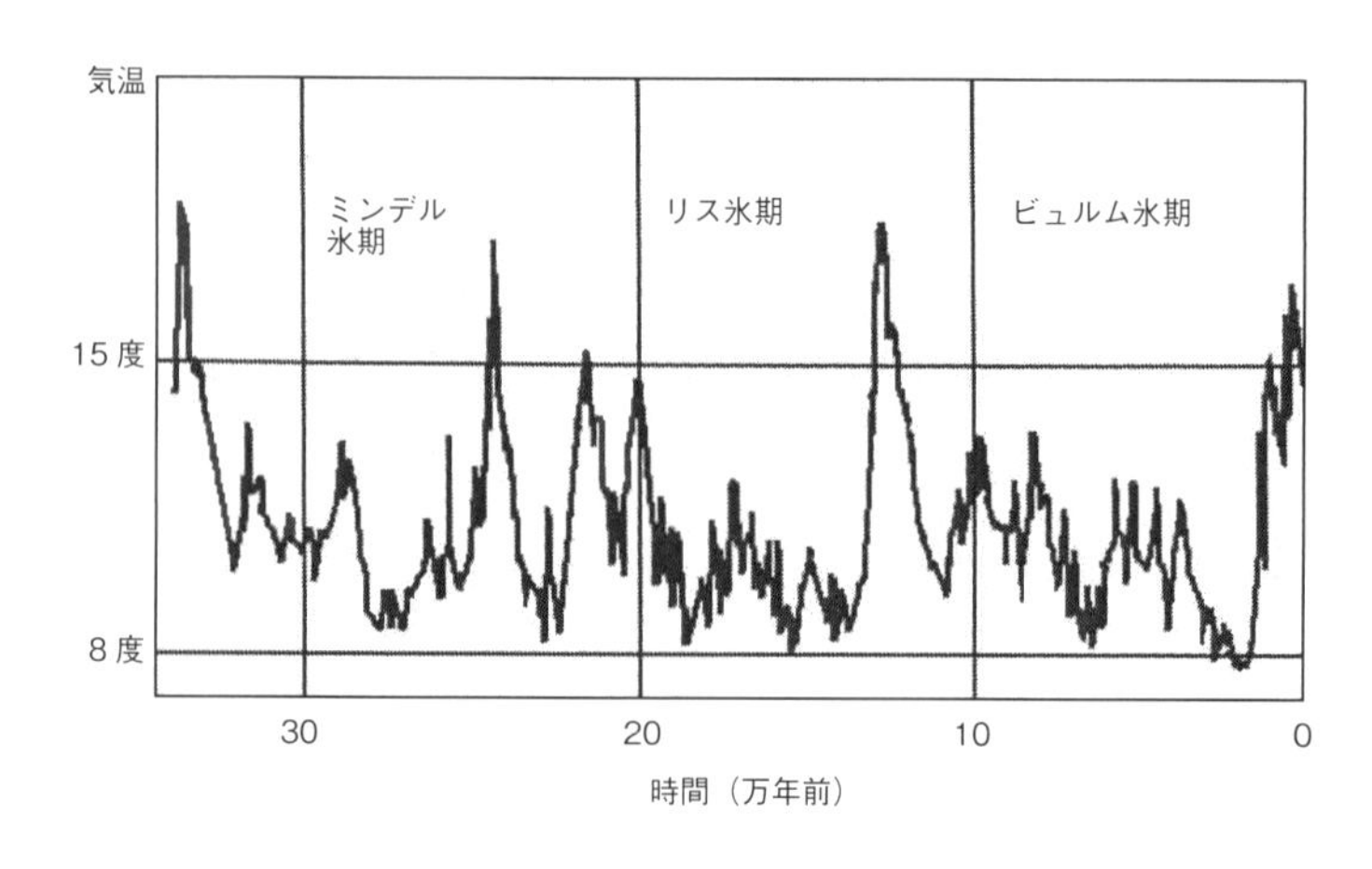

過去30万年余の気候変動
（たて軸の気温は世界の平均気温の大まかな目安）

るのが一〇万年周期説だ。これまでの古気候記録に一〇万年周期が現れているほか、ミランコビッチ・サイクルでも、地球が太陽の周りを回る公転軌道の変動が一〇万年周期とされている。一〇万年周期説は一般的に受け入れられているのだろう。

古気候記録を見ると、ずっと一〇万年周期だったわけではなく、新生代第四紀（約二六〇万年前〜）の氷期・間氷期サイクルは初めに四万年周期ほどの変動を繰り返し、一〇〇万年前ごろからほぼ一〇万年周期となった。ただ一〇万年というのはあくまで平均で、それぞれの氷期・間氷期の期間にはかなり変動がある。氷期、間氷期の到来時期についてはさまざまな説があるが、その中の一つによれば、過去六〇万年間に六回の氷期・間氷期サイクルが繰り返され、各周期は古い順に五万年、八万年、一七万年、一二万年、一一万年、七万年（現在まで）となっている。平均するとちょうど一〇万年になる。

氷期の名称は古い順にドナウⅠ、ドナウⅡ、ギュンツ、ミンデル、リス、ビュルム（最終氷期）であり、それぞれ一万五〇〇〇年、一万年、一四万年、七万年、五万年、五万五〇〇〇年続いた。大きな変動があることが分かる。間氷期の継続期間も同様に随分変動し、現在より一つ前の最終間氷期（イーミアン間氷期）は「一三万〜七万年前」と従来考えられたよりずっと長期間続いたことになる。つまり氷期・間氷期サイクルに関してはまだ研究途上にあり、一〇万年周期説もごく大ざっぱな数字と理解しておく必要がある。

それでも一〇万年周期説は魅力的なのか、研究者たちを引きつける。なぜ一〇万年周期になるのかについては、従来からも言われてきたように「地球の軌道要素の変動に起因した日射量変化が氷期・間氷期サイクルの原因」という説が専門家の間では有力だ。これはミランコビッチ・サイクルとも一致する考え方だ。

東大グループの一〇万年周期説

一方で東京大学グループは、一〇万年周期は日射量変化に対して気候システムが応答し、大気―氷床―地殻の相互作用によりもたらされたとする論文を最近まとめた。氷床自身が持つ成長・崩壊にスポットを当てているのが特徴で、氷床がある大きさ以上に成長すると氷床の底面が解け始めて滑り、一部は海へ流れてしまうが、しばらくすると氷床は再び成長して大きくなるという氷床が抱える内因的な周期が一〇万年なのではないか、と考える。大気中のCO_2濃度は氷期・間氷期サイクルに伴って変動し、気候変化の振幅を増幅させる働きがあるという。スーパーコンピュータによる大気や海洋、地殻、地球内部のマントルまで含めたシミュレーション結果であり、一〇万年周期説の謎解きに役立つとみられている。

この一〇万年周期説に関連して大きな関心を呼んでいるのは、いまの間氷期がいつ終了して次の氷期が現れるかということだ。すでに一万五〇〇〇年も間氷期が続いていることから「あと数千年から一万年くらいのうちに、再び氷期が訪れるのは確実だろう」という考え方がある一方で、「あと三、四万年で次の氷期が来る」とする研究者もいる。

温暖化が「次の氷期」問題を複雑にする

ただでさえ複雑なテーマなのに、一層問題を難しくしているのは人為的な温暖化が急激に進んでいることだ。コンピュータを使った気候モデルの計算から、大気中CO_2濃度が三〇〇ppmを超えたまま持続される場合には、今後五万年間は氷期が来ない、という結果も出ている。この通りであるならば、CO_2濃度が現在四〇〇ppmを超えて改善がほとんど進まない現状を考えると、氷期は当分やって来ない。少なくとも「温暖化を心配するより、次の氷期の到来を心配すべきだ」という考え方はもう通用しない。

現在の地球温暖化が一〇万年周期説を乱そうとしているのか。それとも自然の力は大きく、人為的な温暖化を抑えて次の氷期が確実にやって来るのか、は分からない。また温暖化が原因で海洋大循環が停止し、それによって氷期が訪れることはないのだろうか。いまのところ、海洋大循環が弱まるとしてもそれによる冷却効果より温暖化の影響がはるかに大きいため、温暖化が引き金になって氷期が訪れることはないとされる。だが、これもはっきりしたことは分からない。

第六章　立ちはだかるさまざまな壁

1　先進国と途上国の対立と「将来世代のために」がネックに

足並みそろわぬ世界の国々

　地球温暖化問題に国境はない。世界の誰がCO_2（二酸化炭素）を出しても将来困るのは世界の人々である。だからこそ世界が協力して何世代にもわたって温暖化対策に取り組む必要がある。すべての国家や民族、市民、それに将来世代を巻き込んだ闘いにしなければならない。

　しかし、これがなかなかうまくいかない。先進国と途上国がずっと対立し続け、特に途上国は「温暖化の責任は先進国にある」と主張して譲らない。

　もう一つ問題がある。いま温暖化対策に取り組んで恩恵を受けるのは主に将来世代だが、いまを必死で生きる人々にとって「将来世代のために」がなかなか理解されにくいことだ。

　温暖化防止のもととなる国連気候変動枠組み条約は一九九二年に採択され、「先進国がそれぞれ二〇〇〇年までに温室効果ガス排出量を一九九〇年レベルに戻す」とうたっていた。途上国の削減義務には言及していない。同条約では「共通だが差異のある責任」という認識も確認した。温暖化防止などで先進国と途上国は共通に責任を有しているが、温室効果ガスをこれまで大量に出し続けてきた先進国と途上国では責任におのずから差があるという意味だった。先進国と途上国に世界を二分し、温暖化問題に取り組んでいこうとしたことが成功したとは言えない。むしろ失敗だったのだろう。

条約をめぐる国際交渉では途上国側は「先進国は我々を搾取して豊かになり、CO_2をはじめとした温室効果ガスを出し続けた。それがいまの地球温暖化を引き起こした」と先進国側の責任を追及し、先進国は資金、技術、人材育成で途上国を支援すべきだと迫った。結局、それが通った。一九九五年の同条約第一回締約国会議（ＣＯＰ１）でも途上国は「温室効果ガスの削減義務の対象を先進国に限定すべきだ」と主張し、二年後のＣＯＰ３で採択された京都議定書でも温室効果ガス排出抑制への途上国参加をうたえなかった。

問われる新興国の立ち位置

ところが気候変動枠組み条約や京都議定書の採択から二〇年ほど経ち、世界の情勢は大きく変わってしまった。

中国やインド、韓国、ブラジル、メキシコなどの新興国は経済発展し、温室効果ガス排出量を大幅に増やした。特に中国は二〇〇七年に米国を抜いて世界一のCO_2排出国となった。それでもこれら新興国は途上国の位置づけのままである。

途上国間の経済格差が広がる一方で、途上国はいまや世界の温室効果ガス排出量の六割を占めるまでに至った。先進国の排出がたとえゼロになっても、途上国の排出が増える限りCO_2濃度を安定化させることはできない。途上国抜きでは温暖化対策が一歩も進まないことが明白となった。

こうして二〇一五年一二月のＣＯＰ21では、温暖化対策の新たな国際枠組みであるパリ協定が採択され、二〇二〇年以降はすべての国が削減に取り組む。

しかし、「現在の温暖化を招いた先進国がより多くの責任を負うべきだ」とする途上国の考え方は変わらない。

これに対し、先進国は「途上国も応分の責任を負ってほしい。もう先進国と途上国という分け方をすべきではない」と主張し、溝は埋まらない。インドでは全人口の四分の一に近い二億人がいまも電気のない生活を送っている。貧しい国の排出量の急増は、貧困からの脱却という面が強いことも考えなければならない。

今の生活を守るか、将来の世代を守るか……

先進国と途上国が力を合わせても、これから進める温暖化対策が現世代には恩恵を及ぼさないという問題が残る。我々がこれから何十年にわたってCO_2排出を減らしても、その努力をし、経費を支払った世代にはほとんど跳ね返って来ないのだ。我々の行動によって「二一世紀後半の人々が異常気象の頻発や海面上昇に悩まされなくて済む」と考えることは嬉しいが、そうした考えが途上国を含めた世界の共通認識となることは難しいのではないか。貧困、食料・水不足、電力・エネルギー不足、衛生設備の不備、感染症のまん延などさまざまな問題を抱える途上国は、温暖化対策までなかなか手が回らないし、将来世代のことまで考える余裕はないのが現実だろう。

ただ乗りできる不公平さ

温暖化対策を進めてCO$_2$などを削減できれば、世界の利益になる。そのために努力しようと考える国や人々がいる一方で、「自分たちには余裕がない。他の国や人々がやってほしい」という考え方もある。温暖化対策にはこうしたただ乗り（フリーライダー）構造を生み出す可能性があり、これも温暖化問題に取り組むことを困難にする。

こう考えると「公正・公平」という問題が重要になってくる。温暖化対策はまさに地球上すべての人間（世代内公正）、子ども・将来の世代（世代間公正）、そして人間以外の生物や無生物まで含めた全地球的なもの（種間公正）までを視野に入れ、進めるべきものなのだろう。温室効果ガス削減のため排出枠の各国への割り当てにあたっては、先進国、途上国の枠を超えて公正・公平性が求められるだろう。

2　気候工学が切り札にならない

気候をコントロールする試み

地球温暖化による気候変動が怖いのなら、気候を自由に操ることはできないだろうか。

こんな発想はもともとあり、温暖化が現実の脅威となったいま一段と脚光を浴びるようになった。一連の手法は気候工学（ジオエンジニアリング）と呼ばれ、「人為的な気候変動の対策として行う意図的な地球環境の大規模改変」という定義もある。気候を思いのままに操れるなら、温暖化を心配しなくてもいいかも知れないが、広大で複雑な地球を相手にそう簡単にはいきそうにない。

気候工学には大きく分けて二つの方法がある。太陽光を反射して地球を冷やそうという太陽放射管理（SRM）と、文字通り大気中からCO_2を取り除いて温室効果を弱めようというCO_2除去（CDR）だ。

太陽放射管理で代表的なのは、オゾンホールに関する研究でノーベル化学賞を受賞したドイツのパウル・クルッツェン博士らが二〇〇五年に提唱した方法だろう。

これは大量の二酸化硫黄を上空一〇～五〇キロメートルの成層圏に注入し、水蒸気との反応で硫酸の粒（硫酸エアロゾル）を作って太陽光を宇宙に反射させせようというものだ。火山の噴火で噴出した二酸化硫黄が硫酸エアロゾルとなって日傘の役割を果たし、地球を冷却させる効果があることが知られている。一九九一年のピナツボ山の噴火では世界の平均気温は約〇・四度下がったとされ、いわば自然での実験が行われた試みと考えていい。

大気中のCO_2濃度が倍増しても二酸化硫黄を毎年三五〇〇万トンほど加えれば釣り合うという計算結果が出ている。このほか太陽放射管理には、海水を巻き上げて雲の核となる海塩粒子を生成し、雲の反射率を高める方法や、宇宙や陸上、海上の広い範囲に太陽光を反射する大きな鏡を設置する方法などがある。

CO_2除去では、海にプランクトンの栄養源となる鉄を散布して光合成を促進し、CO_2を吸収しようという方法がある。海洋肥沃化と呼ばれている。これまで南極海や赤道太平洋の一部の海域の表層に鉄の粉を散布して、生物生産が上がるかどうかを確認する実験が何回か行われ、ある程度の効果が出ることが確認された。大規模に実施すれば五〇ppm程度の大気中CO_2を減らす効果があると推測されている。このほか化学物質を使って大気から直接CO_2を回収する手法やCO_2回収・貯留（CCS）などがある。CCSについては後に改めて取り上げたい。

本当にうまくいくのか

さて気候工学をどう考えたらいいのか。当然、「地球を相手にそんなにうまくいくのか」「地球規模の副作用が起こるのではないか」といった質問が出るだろう。

こうした疑問に答えるには気候工学の効果や副作用についての科学的理解がまだまだ不足しているのが実情だ。

科学界の見解も微妙な内容になっている。気候工学に早くから注目した英国王立協会は報告書で「気候変動の代替的解決策にならない」と指摘しながらも、「将来的に気候変動の緩和に役立つ可能性がある」「CO_2除去を太陽放射管理よりもさまざまな観点から優先すべきだ」と将来への期待を述べた。気候工学への資金提供を英国政府に求めてもいる。IPCC（気候変動に関する政府間パネル）は太陽放射管理について「実現可能なら世界全体の気温上昇をかなり相殺する可能性がある」「世界規模で副作用や長期的な影響をもたらす」などと述べ、評価に戸惑っていることを示している。

成層圏に二酸化硫黄を注入する方法は比較的簡単で安価でもあり、異常気象に直面した国が一国の判断で実施に移すといった心配も出ている。ところがいったん二酸化硫黄の散布を始めたら途中でやめることはできないため、国際的な論争に発展する可能性がある。例えば三〇年後などに散布を中止すれば、それまでにかなりの値に達しているCO₂濃度に反応して気温が急上昇するだろう。CO₂除去での鉄の散布もいったん始めたら、まき続けなければならない。

太陽放射管理の実施で大気中CO₂濃度が上がり続ければ、海洋の酸性化が進んで海の生物に壊滅的な影響を及ぼすだろう。人工的に大気中CO₂を除去できるようになったとしても、今度は海洋と陸域に蓄積されたCO₂が大気中に戻ってくることを考慮に入れなければならなくなる。海洋肥沃化も生態系への影響が避けられないだろう。問題山積の気候工学にはそう簡単には着手できない。

人工地球の失敗から学ぶ

かつて米国のアリゾナ州にミニ地球と銘打った巨大なガラス張り空間の「バイオスフィア（生命圏）2」が建設された。そこで外界から隔離された科学者たちが自給自足生活を送るという野心的な実験が行われたが、酸素不足に陥るなど予想外の事態が発生し、十分な成果を挙げることができなかった。地球システムがどのように機能しているのか限定的な理解しかなかったのが原因と総括されたが、それは気候工学にもあてはまりそうだ。

一九世紀以降、気候を改造したいと考えた科学者や技術者は何人も現れたが、もちろん成功していない。

だが遠い将来、人類は大気中のCO₂濃度を自由に変えて自ら望むような気候を選択できるかも知れない。「四〇〇ppmではちょっと高いから、人類が産業革命前に経験した二八〇ppmに戻そう」、あるいは「寒さで震え上がる氷期への突入はどうしても避けたい」などと、強力なCO₂発生装置と

CO_2除去装置を組み合わせて操作するといったことが考えられる。それは可能性としては否定できないが、いまはまだ夢物語と考えたほうがよさそうだ。

3 科学技術も役に立たない

登場しない夢の技術

近代科学は一七世紀に西欧で誕生し、一八世紀後半に産業革命が起こった。英国の経済学者、マルサスは一八世紀末の著書『人口論』の中で将来を「地球上に人類が満ち、生活が不可能になる」と悲観的にとらえた。

これに対し、マルサスが五〇歳代の時に生まれたドイツの思想家で革命家のエンゲルスは「将来は人間が地球上にあふれるだろうけど、それに負けないくらい科学技術が進歩すれば、地球上に人間は幾らでも生存可能になる」と科学技術に無限の期待を寄せた。

どちらが正しかったのかはともかく、エンゲルスが期待したほど科学技術は進歩していない。「科学技術は際限なく進歩し、人間の生活も限りなく向上していく」といった考え方はあまりにも楽観的過ぎた。地球温暖化が急速に進行しているいま、温暖化防止への科学技術の無力さを感じざるを得ない。

先進国が築いた二〇世紀型工業文明そのものが温暖化をもたらしたが、その温暖化に対抗する科学技術がほとんど見つからない。気候工学があまり期待できないことは述べたばかりだが、夢の技術がなかなか登場しないのは大きな誤算と言っていいだろう。

人工光合成、微生物研究が踏み出した一歩

植物の光合成のメカニズムを生かし、太陽光と水、空気中のCO_2から効率よくエネルギーを作ることができれば、脱炭素社会実現に大きく前進する。

このため、いま人工光合成の研究が世界で進められている。光合成反応の中に水を水素と酸素に分解する過程があり、五段階で進行するが、日本の研究グループはこの最初の段階に関与する酵素の構造を突き止めた。光合成の主役ともいえる葉緑体に含まれるものだった。こうした酵素の結晶化などに成功し、光合成を人工的に進める一歩と期待された。

光合成に関与する酵素などの構造解析に欧米も熱心に取り組んでおり、世界の競争は激しさを増している。光合成を含めて、自然から学んだ教訓を人間の問題解決に応用しようという学問であるバイオミミクリにも世界の関心が高まっている。しかし、人工光合成はまだ基礎研究の段階であり、実用化までの道は遠くけわしい。

微生物の力を借りようという研究も進む。人間の全遺伝情報（ヒトゲノム）解読に大きな役割を果たしたことで知られる米国のクレイグ・ベンター博士は、いまは温暖化防止のため微生物の利用を真剣に考え、会社まで設立した。

自伝『ヒトゲノムを解読した男』（化学同人）では、「微生物の利用で大気成分を変える」「CO_2を吸収する新生物を設計する」「土壌微生物に大量の炭素を食べさせる」などのアイデアを紹介して

ベンター博士の『ヒトゲノムを解読した男』

いる。同書の訳者はあとがきで「ベンターならやってくれそうな気がします」と書いた。日本ではCO_2を海底炭田に封じ込め、微生物の力で燃料のメタンに変える技術開発のほか、藻類のミドリムシを原料にジェット機の燃料を作る取り組みも進められている。期待は持てそうだが、微生物が地球規模で進む温暖化の防止にどれだけ威力を発揮してくれるかは分からない。

宇宙太陽光発電が切り札になるか

ずっと期待されてきたものに宇宙太陽光発電がある。天候に左右されずに発電できるという特徴があり、地上約三万六〇〇〇キロメートルの静止軌道に直径二〜三キロメートルにわたって太陽電池パネルを広げれば、原発一基分に相当する一〇〇万キロワットの発電ができるという。日本では一九八〇年代から本格的な研究が始まり、宇宙航空研究開発機構（ＪＡＸＡ）は二〇一五年三月、電気をマイクロ波に変換し、送電用アンテナから発射したマイクロ波を約五五メートル離れた受電用アンテナに正確に送ることに成功した。

二〇三〇〜四〇年代の実用化を目指すが、送受電技術のほか、太陽電池パネルの宇宙への輸送や組み立てなど課題がある。費用に見合った発電量が得られるのか、強力なマイクロ波の人体や環境への悪影響はないのか、といった問題の解決も欠かせない。

科学技術の成果の一つと言える原子力はどうか。原子力発電は発電時にCO_2をほとんど出さないという特徴を持ち、地球温暖化の防止が課題になる中で「原発は切り札になる」という期待が一時強かった。

しかし、一九七九年の米スリーマイルアイランド原発事故、一九八六年の旧ソ連チェルノブイリ原発事故に続いて起きた二〇一一年の東京電力福島第一原発事故で、原子力開発は大きな岐路に立たされている。「実現すればエネルギー問題は解決する」と言われ続けてきた核融合炉も、実用化時期はいまなお見通せない状況だ。

我々の生活を支えてきた科学技術が、地球が最大の危機を迎えたときに本来の力を発揮できないでいる。気候変動はいくら最先端の科学技術を動員しても防げない被害を人類や生態系にもたらそうとしている。

4　温暖化問題そのものが分かりにくい

誤解が多い温暖化問題

地球温暖化問題が深刻だと指摘されていても対策が進まないことに、温暖化問題の難しさが大きく影を落としている。温暖化がどうして起こるのか、温暖化と異常気象はどう関係するのか、温暖化とオゾン層破壊はつながりがあるのか、などいろいろ考えてみると、温暖化問題は実に分かりにくい。

「温暖化とは何かをきちんと理解していない人に、温暖化対策を求めても無理だ」という冷めた声も出ている。

国立環境研究所の研究者が無作為抽出で全国成人を対象に行ったアンケートは、温暖化問題があまり知られていないことを浮き彫りにした。地球上の気候が変化していることの原因や影響について誤解している人が多いのだ。

例えば気候変化の原因は「オゾン層の破壊」とする人が半分以上の五〇・一%に達した。これらの人は「フロンガスによってオゾン層が破壊されると、地球上に到達する太陽光が強くなって、地球がいままで以上に暖まる」と考えているという。

しかし、オゾン層の破壊が温暖化に与える効果は非常に小さいことが分かっており、原因とはとても考えられないのだ。

オゾン層破壊とは関係がない

このほか「CO_2がオゾン層を破壊することによって温暖化が起こる」と考えている人が少なくなく、全体として温暖化とオゾン層破壊を一体のものと考える傾向が強い。温暖化とオゾン層破壊のつながりに関しては「フロンガスはオゾン層を破壊すると同時に強力な温室効果ガスである」という程度だが、なぜか温暖化とオゾン層破壊が密接に結びついていると考える人が多数派になっている。

「温暖化はどうして起こるのか」という質問は「温室効果とは何か」という問いと相通ずるが、これについて説明するのも実は難しい。化石燃料の燃焼によって出るCO_2などの温室効果ガスが温暖化

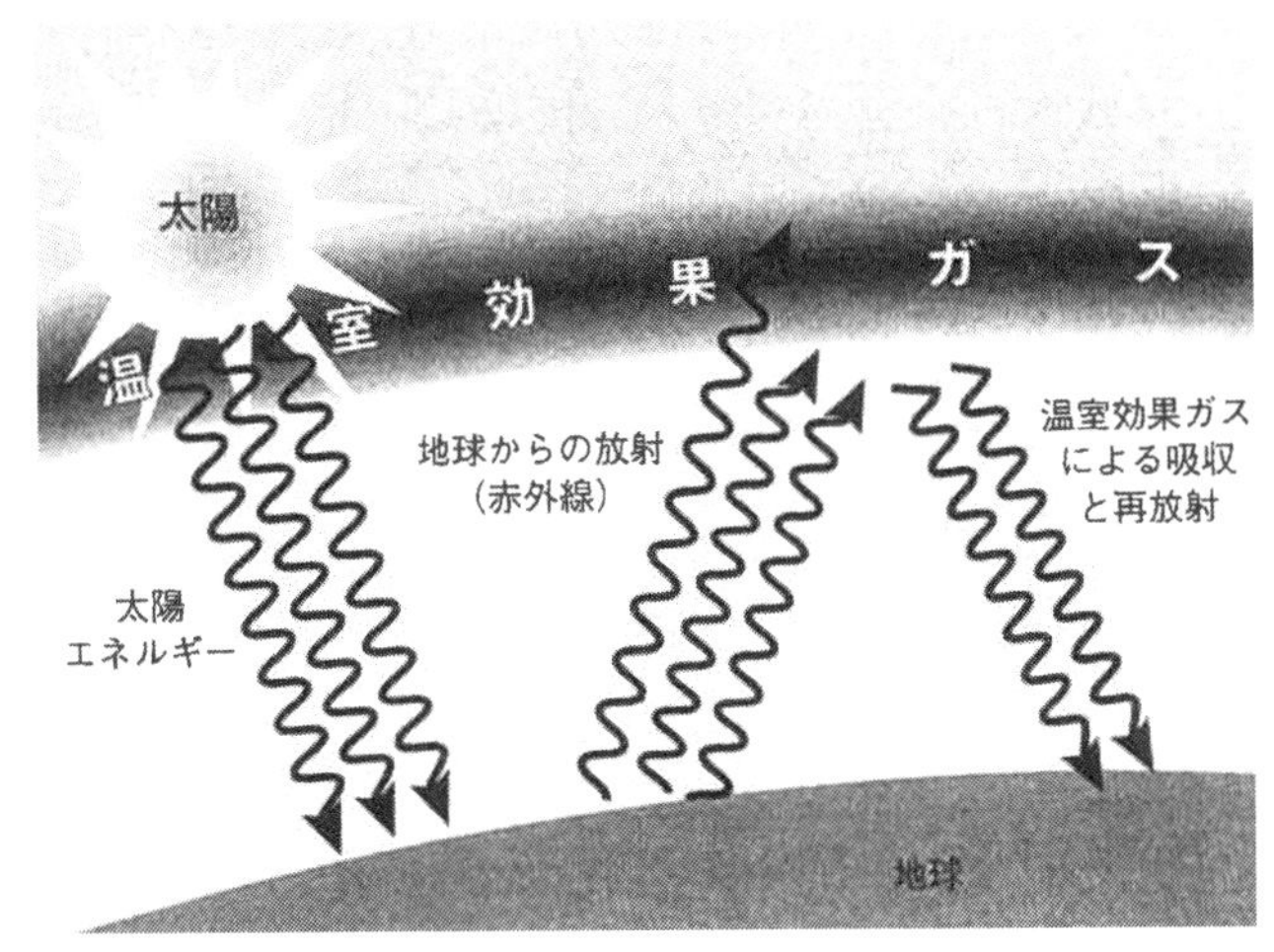

地球温暖化のメカニズム

の原因だが、どうして温室効果ガスが大気中にたまると温暖化するのか、を一般の人に理解してもらうのは容易ではない。「大気中に増加したCO_2などが、太陽からのエネルギーを受ける地球が温度のバランスを保つため宇宙に放出しようとする赤外線を吸収して熱として蓄える。そのために地表付近の気温が上がってしまう」という説明に、どれだけの人が「よく分かった」と言ってくれるだろうか。

「なぜ大気中に大量に含まれる窒素や酸素は温室効果ガスではないのか」「大気中の水蒸気はCO_2よりも温室効果が大きいのに、CO_2ほど問題にならないのはなぜか」といった質問に易しく答えることも簡単ではない。現在進行中の温暖化と世界で頻発している異常気象は直接つながっているわけではないことも、温暖化と異常気象を結びつけて考えがちな人にとっては「なぜなのか」と疑問に思うだろう。

また石炭、石油、天然ガスの中でも、温暖化防止の観点で石炭が一番悪者にされる理由はそれほど知られていない。石炭はほとんど炭素からできているのに対し、炭素以外に水素も含まれている石油と天然ガスは水素も燃焼して熱量を出すので、単位エネルギーを得るのに出るCO$_2$量が相対的に少なくなるのだが、これも一般の人にとって容易に理解できることではない。単位エネルギー当たりのCO$_2$排出量は石炭を一〇〇とすると、石油は七五、天然ガス五五などとされている。

未来予測があいまい

コンピュータを使った気候モデルによる気温上昇や海面上昇の将来予測がたびたび発表される。ところがIPCCの第五次評価報告書は、このままいけば二一世紀末には「気温は〇・三～四・八度上昇」「海面は二六～八二センチ上昇」としているなど予測の範囲が非常に広い。

多くの人に「こんなにあいまいでは意味がない」と思われても仕方がない。気候システムの複雑さに加えて、そもそも国際社会がどれだけ協調して温暖化防止に力を入れるか、個人がどれだけ省エネ・節電に取り組むか、といったことがはっきりしないため将来予測に幅が出るのだが、これでは世の中に訴える力が弱いことは否めない。

地球が少しずつ暖まって、大きな悪さをしようとしているが、その影響がどこにどんな形で現れるか分からない。いままで誰も見たことがないから、イメージもわきにくい。

それに比べオゾンホールは衛星画像でも一応見ることができるためすぐに理解が広まり、皮膚がんの脅威もあって対策がスムーズに立てられた。温暖化について「将来大変なことになりそうだ」と思う人が多くても、それから先になかなか進まない。温暖化はオゾンホールと関係があるという誤解もまん延するようになった。

温暖化が分かりにくい概念であることを乗り越え、多くの人が温暖化問題を正しく理解してライフスタイルの見直しや省エネ・節電に積極的に取り組むようになる環境教育が求められるだろう。

5　一般の人の理解を妨げている温暖化懐疑論

書店でもネットでも目立つ懐疑論

「地球温暖化など起こっていない」「心配なのはむしろ地球寒冷化だ」「CO_2の温室効果は取るに足りない」という温暖化懐疑論がいまだにはびこっている。

書店には「温暖化などウソだ」という本が目立つところに並び、インターネットの検索でも温暖化懐疑論が真っ先に飛び込んでくる。

これでは一般の人が何を信じたらいいのか分からなくなる。筆者の経験だが、温暖化問題を真面目に調べようとして結局、懐疑論をレポートに書く学生がいるのが実情だ。温暖化問題の分かりにくさに輪をかけているのが温暖化懐疑論ではないか。

「地球温暖化予測は正しいのか」という疑問は、温暖化問題が政治問題化してから繰り返し提起されている。デンマークの統計学者ビョルン・ロンボルグ著『地球と一緒に頭も冷やせ！』は痛烈な温暖化論批判書として世界的な反響を呼び、日本人学者による同様の著作も少なくない。マイクル・クライトンの小説『恐怖の存在』も温暖化論議に批判的で、温暖化論議は科学ではなく政治問題化してい

温暖化懐疑論の書籍

ると告発している。

米国では石油のロビイストや一部の学者が「温室効果ガスが増えて地球が温暖化するという根拠は何もない」と強硬に主張してきた。背景には「温暖化防止が叫ばれることによって石油の消費に影響が出るのは困る」という石油会社などの思惑があった。エネルギーや自動車などの関連企業がワシントンを本拠に地球気候連合（GCC）を結成し、自分たちの業界が温暖化論議に巻き込まれることに反対してきた。米国の共和党議員の中に温暖化を真っ向から否定し、温暖化対策に極めて消極的な人が多いのは、こうしたことと無縁ではない。二〇〇一年に米ブッシュ政権が、経済への悪影響と科学の不確実性を挙げて京都議定書からの離脱を表明し、国際的な批判を受けたことは記憶に新しい。

懐疑論が政治の右派勢力と結びつく

温暖化懐疑論がはびこる中、次第に温室効果ガスの増加と温暖化の関係が明白になり、石油資本に迎合していた学者も「従来通りの主張では、学者生命を奪われる」と考え始めた。こうして「反温暖化キャンペーン」も勢いを失っていった。

ＩＰＣＣの第五次評価報告書は、人間の活動が温暖化の主要な原因である可能性を「極めて高い」（九五％以上）とし、温暖化の人為起源説を明確に打ち出した。第四次報告書は可能性を「非常に高い」（九〇％以上）としていたから、この間の科学の発展によって人為起源説がより確かなものとなった。記者会見した当時のパチャウリ議長は「前代未聞の気候変動が起きていることは間違いない」と強調して各国に行動を促した。

二一世紀に入ると気温は一時横ばい状態となった。この現象はハイエイタスと呼ばれ、温暖化懐疑論者を大いに勢いづかせた。その後、再び気温上昇のピッチは上がっており、人為起源説を揺るがすまでに至らなかった。

人為起源説を科学的に立証してきたＩＰＣＣがミス連発で試練の時期を迎えたこともあった。発端は二〇〇九年秋に英イースト・アングリア大学のコンピュータに何者かが侵入し、研究者間の電子メールの内容が公開されたこと。ある教授のメールに、気温低下を隠そうと『トリック』を終えた」と書いてあったというのだ。「ヒマラヤの氷河は二〇三五年ごろに消失」という第四次報告書の記述も誤りと分かった。ＩＰＣＣは膨大なデータに基づく第四次報告書の内容に自信を示す一方で、報告書作成の手続きの評価を国際機関に委託し、この危機を何とか乗り切った。

それでも国際的に温暖化懐疑論が衰えたわけでは決してない。「ＩＰＣＣは都合の良い仮説を立て、それに基づいた気候モデルを作り、シミュレーションしている。都合の悪い仮説を無視している」といった懐疑論者の批判はいまでも絶えない。温暖化が起こっていることを疑問視する見方以外にも、「温暖化は事実だろうが、その原因はCO_2の増加以外にある」「温暖化が起きても地球全体から見ればマイナス面よりもプラス面が多い」という主張があるなど、幾種類かの懐疑論がある。これら温暖化懐疑論は米国の共和党のように政治の右派勢力と結びついているケースが多いのも特徴だ。

原発憎しがこうじて温暖化対策批判へ

日本では政府や経済界の中に温暖化懐疑論が表面化しているわけではないが、経済産業省や経団連は温暖化対策には基本的に極めて消極的だ。マスコミが温暖化懐疑論者をテレビのバラエティ番組や雑誌に積極的に登場させ、温暖化の人為起源説に対する不信感を醸成したこともある。反原発の活動家が「原発憎し」の一心から人為起源説や温暖化対策を批判することもあった。原発が温暖化防止に寄与するという宣伝・風潮に反発しての行動のようだった。こうしたことが国民の温暖化問題に対する正しい理解を妨げている側面も否定できないだろう。

自分たちの業界、企業の利益のために学者を使って温暖化の人為起源説に反論するなどというのは論外だが、いまなお不明な点が多い温暖化をめぐって真面目に論争することは欠かせない。温暖化懐疑論につけ入るスキを与えず、人為起源論をさらに確固としたものにするためにも、温暖化の総合的な研究に一層力を入れることが必要だ。さまざまな悪影響を及ぼす懐疑論を甘く見ることはできない。

6　複雑な気候システムが根底に

不確実になる気候変動予測

これまで地球温暖化の防止に立ちはだかるさまざまな壁について見てきたが、実はもっと根本的な問題がある。それは地球の気候システムが複雑で分かりにくいことが多く、将来の気候変動予測などを不確実なものにしていることだ。

将来がなかなか見通せないことは、有効な対策を打つのに大きなネックになる。例えば企業でも家庭でも今後の景気や収入のある程度の見通しがつかないと、予算を立てることができず、前に進めなくなる。それと同じように温暖化防止に全力を挙げようとしても、気候システムが複雑過ぎて将来の気候の状況が読めないと、どうしても的確な対策を実施できない。温暖化防止に向けた国際間の協調はうまくいかないし、政府が国民に協力を呼びかけようとしても説得力がない。いま世界の温暖化防止はそんな厳しい状況にあると言ってもいいのではないか。

我々が住む地球は非常に複雑なシステムであり、ものごとの変化が直線的に起こるばかりではない。あるときは突然大きな変化が生じるし、小さな変化が連鎖反応を起こして想定外の方向へ進むこともある。一方で地球のある場所で山脈が形成されると、結果的に地球全体が寒冷化することがある。これは地球を一つのシステムとして捉えようとする地球システム科学によって初めて理解できる現象なのだ。

その地球システムの一環である気候は、大気、海洋、陸地、雪氷、生態系などの要素から構成され、それぞれの要素間でエネルギーや水、その他の物質のやり取りが行われている。地球の天体運動や火山活動、太陽活動も気候に影響を与える。つまり地球の気候は複雑な相互作用を中に秘めた総合的なシステムであり、これが気候システムと呼ばれるいわゆる複雑系である。二〇億年以上前にシアノバクテリアが全球凍結を引き起こしたと考えられるように、生命も気候に大きな影響を与えてきた。

海洋大循環の一部を構成する北大西洋深層水の形成は気候の形成に重要な役割を果たしており、最終氷期にはこの北大西洋深層水の形成がローレンタイド氷床など氷床の動きとも絡んで弱まっていた。こうした例からも、気候変動を理解するには大気だけでなく、海洋や氷床を含めた気候システム全体を理解することの重要さが分かる。

雲やエアロゾルもネック

ところが気候システム全体の理解は一筋縄ではいかない。大気、海洋、陸地、雪氷、生態系などの要素は、気候システムを構成するサブシステムとして複雑に作用し合い、さらには各サブシステムの内部およびサブシステム間ではさまざまな過程が入り混じって関与し合っている。

例えば氷床の成長・崩壊と海洋大循環の停止・再開を見ると、それぞれ固有の動きをしながら相互に影響を及ぼし合ってもいる。北極海の温暖化はアイスアルベド（氷の太陽光反射率）フィードバックによって増幅されるが、このような正のフィードバックの解明も十分に進んでいない。

サブシステムの中のさらに小さな要素であっても理解がまだ不十分という問題もある。例えばサブシステムの大気に浮かぶ雲だ。温暖化によって雲が増えるのか、減るのかは、地球の気温の変化を決めるのに決定的な役割を果たす。雲は、太陽からのエネルギーの一部を宇宙空間に放射する冷却効果と、逆に地表から熱エネルギーが宇宙空間に逃げるのを妨げて地表を暖める温室効果ガスのような効果を併せ持つ。雲の種類や高さによって効果が異なるが、平均的には冷却効果が勝っている。だが、雲が温暖化でどう変化するか分からず、雲の効果を詳細に捉えることは非常に難しい。

また大気中に浮遊する固体や液体の微小な粒子であるエアロゾルは、それ自体が太陽光を散乱・吸収して気候に影響を与えると同時に雲粒の核として作用するが、全体として気候にどれだけ影響力を持つのか精度のいい評価はまだできない。つまり雲、エアロゾルともに気候変動予測の大きな不確実性の要因である。おまけに、温室効果ガスでその量が変動する水蒸気の影響もよく分かっていない。海洋が気候に及ぼす影響についても分からないことが多い。

CO_2がすべて大気に戻るとどうなるか

温暖化の研究は進んでも完璧なものにはほど遠い。そのため、「CO_2濃度がどのぐらいになると平均気温が何度上昇するか」「このままいくと二一世紀末の平均気温は何度になるか」「温暖化によって今後何が生じるのか」「気温が現在より何度上昇したら急激な気候変動や気候の暴走が起こるのか」といったことを正確に予測できない。なんとも歯がゆいことではある。

地球表層にいま固定されているCO_2がすべて大気中に戻れば地球は金星とほとんど同じ状況になり、約四六〇度もの灼熱で秒速一〇〇メートルの強風が吹く世界が現出する。まさに温暖化の暴走である。そう簡単に起こらないし、考えたくもないことだが、気候システムの理解が不十分である以上、どんな未来が地球を待っているかは分からない。

7　気候モデルの未来予測もあいまい

スーパーコンピュータの活躍

「将来の気候を予測する気候モデルがどのくらい信頼できるのか」という問いが関心を集めてきた。優れた計算能力を持つスーパーコンピュータ上に仮想の地球を作って、地球温暖化が五〇年や一〇〇年後にどうなるかを数値計算で予測するのが気候モデルである。「スーパーコンピュータの中で擬似的な地球を再現する計算プログラム」という言い方もできるだろう。

気候モデルでは地球上を格子状に細かく区切り、一つひとつの点に対応する気温や気圧、風、水蒸気などの時間変化を計算して将来を予測する。その気候モデルの精度向上が図られてきたが、それでもあいまいさが残り、十分な成果を挙げられない。気候システムそのものが複雑なことがここでも関係してくる。

地球の気候を予測するための大気と海洋のシミュレーションモデルともいえる気候モデルの計算方法は、いまでは毎日行われる天気予報と原理的には変わらない。天気予報のやり方を、大気中CO_2濃度の増加などの条件を与えながら一〇〇年先など将来まで延長したものと考えれば分かりやすい。

もちろん温暖化予測では何年後の何月何日の天気がどうなるかを当てるのではなく、気温が何度ぐらい上昇するか、雨の降り方はどうなるかなど、大まかな気候の予測がポイントになる。気候はある期間の気象の平均状態とみなせる。

四〇の気候モデルの予測結果を使う

いま先端を行く気候モデルの多くでは、格子を以前より一層細かくして地域的な情報まで出せるようになったし、これまで扱いが難しかった微粒子のエアロゾルが気候にどう影響を与えるかもある程度考慮できるようになった。

温室効果ガスなど人為起源の影響や火山活動など重要な外部要因をすべて組み込んだ気候モデルでは、観測された二〇世紀の気温変化を再現することができた。北極の夏の海氷面積の減少も気候モデルによって再現できるようになった。過去の再現が可能になったことは温暖化予測の信頼性が高まったことを意味する。

最新のＩＰＣＣ第五次評価報告書では約四〇の気候モデルが示した予測結果が使われている。

この気候モデルの開発と改善に世界の気候学者が一九七〇年代から競い合いながら取り組んだ。中でも米国で活躍する日本の真鍋淑郎博士はそのパイオニア的存在である。真鍋博士はCO_2濃度の上昇と地上平均気温の上昇を明確に関連づけ、気候モデルの開発に力を注いだ。そして大気海洋大循環モデルという気候モデルの原型を世界に先駆けて作った。

一九八八年に米上院の公聴会で「温暖化の到来は九九％確実」と証言した気候学者のジェームズ・ハンセン博士は、それ以前から人為起源のCO_2が増え続ける限り、一九九〇年以降、気温の上昇傾

ジェームズ・ハンセン博士（写真提供：NASA）

向は顕著になると気候モデルの計算によって予測していた。そのモデルには太陽活動の変化、火山活動に加えて、人為起源のCO_2の増加が当時の最新の知識をもとに取り入れられた。ハンセン博士らは一九九一年六月のピナツボ山噴火による世界の平均気温の低下を気候モデルで〇・六度と予測したところ、実際の低下は〇・四度でよく合っていた。コンピュータの高性能化も気候モデルの精度向上に大きな役割を果たしたが、中でも日本のスーパーコンピュータの地球シミュレータは一〇〇年後の仮想地球を計算によって作り出し、様変わりした東京の状況をリアルに描くなどの成果を上げた。

三倍食い違う気候感度

スーパーコンピュータを使った気候モデルによる将来予測は確かに長足の進歩を遂げたが、まだまだ気候モデルの精度は十分ではない。例えば温暖化のキーワードである気候感度の不確かさがある。

気候感度とは、CO_2の濃度を倍にしたときに地球の平均気温が長期的に変化して平衡状態に達する温度のこと、簡単には気温が何度上昇するかということだ。

これについて英国の研究グループは「二・四～五・四度」、日本の国立環境研究所は「四・二度」と見積もるなど開きがあった。ＩＰＣＣ第五次報告書によると「一・五～四・五度」と幅が拡大し、最良推定値については意見の一致がみられなかったという。気候感度が高いなら、たとえ排出量が減少しても、気温の急速な上昇を抑えられないという結果になる。だから三倍も食い違うようでは予測としては不十分と言わざるを得ない。

五六〇〇万年前のＰＥＴＭ（暁新世・始新世境界温暖化極大）のころ、化石の証拠から北極地方が極端に暖かかったことが明らかだった。欧米の科学者チームが二〇〇四年に北極海で海底の柱状試料（深海底コア）を採取して調べたところ、当時の海水の温度は二三度で今日より二四度も上回っていたことが分かった。これは当時のどんな気候モデルの予測よりも一〇度は高かった。過去の気候を適切に再現できない気候モデルには何らかの不備があることを示している。

気候モデルを動かすには、地形データ、CO_2など主要な温室効果ガスや各種の大気汚染物質の排出、太陽活動、火山噴出物などさまざまな変数を入力し、しかも年々変動を与えなければならない。

それでも自然界のすべての要素を組み込むことはできない。そうした不確実性やモデルの不完全さによって結果が変わってくるのは避けられない。気候変動をできるだけ正確に予測するには、複雑な気候システムについての理解を深めるとともに、さまざまな分野の研究者が知恵を出し合って気候モデルの一層の改善に取り組む必要がある。

8　最悪の事態に向かっている

なぜここまで来てしまったのか

「地球温暖化が最悪の事態に向かっているのではないか」という認識が高まっている。

パリ協定で温暖化対策の国際枠組みが決まっても、ただちにCO_2などの排出削減が進むわけではない。世界の取り組みが間に合わず、温暖化による破局が訪れる可能性が極めて高いのではないか。

なぜ、ここまで来てしまったのか。一つの言葉の使い方を間違えたという声が専門家の間にある。国連気候変動枠組み条約、ＩＰＣＣなどで使われる「気候変動」の呼び方に対し、「気候変動はいつも起こっており、この言葉ではまったくインパクトがない。気候激変といった名前を最初から使っておけばよかった」という反省が出ているのだ。いま世界で起こっている熱波や干ばつ、豪雨など異常気象の多発は気候変動といった生易しいものではなく、気候激変や気候崩壊、気候危機という言葉のほうがぴったりくる。確かに世の中に訴える力のある言葉を使えば、状況は変わったかも知れない。

「何とかしなければ」という声が世界中に高まっても、化石燃料の消費などによるCO_2が大量にとめどなく排出される。ひとたび放出されたCO_2は数十年から数百年も大気中にとどまるため、CO_2の排出削減に世界が成功したとしても、大気中のCO_2濃度はそう簡単には変化しない。たとえCO_2排出量がゼロになっても、気温は上昇をやめない。地球の気候システムへの作用とその反応が現れるまでの間には大きなタイムラグがあるのだ。

一層増える極端現象

一方で温暖化によってアマゾンの乾燥化が進むと熱帯雨林が枯れ、大気中のCO_2濃度が高まって温暖化を早める可能性がある。こうした悪循環に陥れば、温暖化は加速度的に進んでしまう。アマゾンの森が枯れると、人間がいま放出しているCO_2の八年分もの量が大気中に出るという。

アマゾン以外の熱帯雨林も危機に瀕している。永久凍土や深海底のメタンハイドレートが解けて大量のメタンが放出される可能性も高まる。「まだ当分先のことだ」と専門家は推測するが、グリーンランドや南極の巨大な氷床が突然、大規模な崩壊を起こす心配だってある。

気温上昇によって熱帯低気圧の強暴化など、異常気象というよりは平均からのずれが一段と大きい極端現象が一層目立ってくる。そうなれば、世界各地での水や食料不足は避けられそうにない。海面上昇が顕著になり、小さな島国の人々の移住が現実のものとなってくる。温暖化の影響は気候変動や海面上昇にとどまらず、海洋酸性化や一部沿岸域の無酸素化を引き起こす。海洋生態系に大きな影響を及ぼし、沿岸漁業などに壊滅的な打撃を与えると心配されている。

国際的に「気候変動は安全保障そのものだ」という考え方が強い。気候変動によって各地で格差や対立が深刻化し、世界全体が混乱状態になった場合、どうやって人々の安全を守るかは、まさに安全保障の主要課題だと言える。

勝つ見込みのない闘い

しかし、気候変動の危機に瀕しても世界の政治はゆっくりとしか進まず、CO_2の排出が目に見えて減る時代はすぐにはやってきそうにない。地球を動かしているのはもはや自然ではなく、我々自身なのだ。「人間はもはや勝つ見込みのない闘いをしている」という悲観的な声もある。

ある地域で根本的に異なる状態になるほどの気候急変は起きないと以前は考えられた。だが、最終氷期にグリーンランドでは急激な気候変動が繰り返されたことが分かった。いまは間氷期なので事情は違うが、前例のない急激なCO_2の上昇が何をもたらすかは分からない。予想を超えて気温が上がったり、海洋大循環の停止などの条件が加わった場合、地球の気候はもっと危険な状態に陥ってしまう。温暖化が引き金になって急激な寒冷化が起こる可能性もある。地球の気候システムは、ある状態を超えると、もう一方の状態に急激に移行するというのが最近得られた知見である。

このままでは、七三億人を超えた人々のうち生き残れるのはごく少数かもしれない。いずれは、温暖化が生んだ最初の国家になるかも知れないグリーンランドやカナダ北部、シベリアなどで数千万人から数億人規模の文明が細々と生きながらえるといった事態を招いてしまうのだろうか。

第七章　やっとここまで、パリ協定

1　全員参加で一八年ぶりの合意

世界が団結した奇跡

直前に一三〇人が死亡する同時多発テロがあった。世界を揺るがすテロ行為に非常事態宣言が出され、重要な国際会議が開かれるような状態ではなかった。

そんなフランス・パリで二〇一五年一二月に開かれたＣＯＰ21（国連気候変動枠組み条約第二一回締約国会議）は、人類にとって最大の課題となった地球温暖化対策の新たな国際枠組みであるパリ協定を全会一致で採択した。

京都議定書では先進国のみが温室効果ガスの削減義務を負ったが、パリ協定によって二〇二〇年以降、途上国を含むすべての国・地域が削減に取り組む。同時多発テロが世界の結束を高めたという声も聞かれた。

二週間の交渉を経て迎えた閉幕式の全体会合で議長役のファビウス仏外相が「小さな木槌が、大きな仕事をやってのける」と木槌を打ってパリ協定を採択すると、各国政府代表らが総立ちとなり、大きな拍手と歓声が起きた。テロとＣＯＰ21で気の休まることのなかったオランド仏大統領は「歴史の

COP21 でのパリ協定採択の場面（出典：Wikipedia）

新しいページを開いた。我々は最も平和な改革を成し遂げた」と笑顔を見せた。長く続いてきた国際的な温暖化交渉で最も意義深い日であったことは間違いないだろう。

パリ協定は、産業革命前からの気温上昇を「二度よりかなり低く抑える」と同時に、「一・五度未満に抑えるよう努力する」という表現を盛り込んだ。従来からの「二度目標」を踏襲しながらも、温暖化の影響を受けやすい島しょ国などの要求に応えて「一・五度」を努力目標としたのだ。

その上で世界全体の排出量をできるだけ早く頭打ちにし、二一世紀後半に温室効果ガス排出量の「実質ゼロ」を目指すことにした。これまでになかった明確で野心的な長期目標が定められた。

どのような取り組みか

こうした高い目標を実現させるために、条約に加盟する全一九六カ国・地域に削減目標の作成・報告を義務づけた。五年ごとに世界全体で進み具合を管理し、その結果を受けて各国が削減目標を出し直す仕組みも設けた。

先進国は国全体から排出される温室効果ガス総量の削減に取り組むのに対し、制度が整っていない途上国はできるところから始め、最終的には先進国同様に総量で減らすことが求められる。世界最大の排出国、中国も新たな枠組みの下で削減対策に取り組むことになる。

先進国と途上国の対立が続く中で最大の焦点だった途上国への資金支援については、先進国が拠出する具体的な目標額をパリ協定本体には盛り込まず、法的拘束力のない別の文書に「年一〇〇〇億ドルを下限として新しい数値目標を二〇二五年までに設定する」と明記することで決着した。経済力をつけた新興国にも自発的に資金を出すよう促すことにした。このほか途上国が気候変動の影響に適応し切れずに「損失と被害」が発生することを独立の問題として認識し、被害が生じた途上国を救済するための国際的な仕組みを整えることが決まった。

京都議定書と対照的

パリ協定では各国は削減目標の達成に向け国内で削減に取り組む義務があるが、削減目標の達成は義務化されなかった。

この点は先進国に削減目標の達成を義務づけ、守らなければ削減幅を上乗せするなどの罰則を設けた京都議定書とは大きく異なる。結局、京都議定書と今回のパリ協定では、途上国の扱いと削減目標達成の義務化という点で対照的な内容となった。

紆余曲折を経て、京都議定書以来一八年ぶりに合意がなったパリ協定。京都議定書よりも緩い枠組みという限界はあるものの、対立してきた先進国と途上国が共同歩調を取ることになったため、高く評価する声が上がる。

脱炭素社会へ

これからは各国政府や自治体、企業はもとより、すべての人々にとって「CO_2（二酸化炭素）排出は悪」という認識が強まり、世界全体が化石燃料依存からの脱却を図って低炭素社会から脱炭素社会に歩みを進めるきっかけになってほしい、という期待もある。

ここまで到達できた背景には、①異常気象の頻発など気候変動がより現実の問題となって危機感が高まったこと②ＩＰＣＣ（気候変動に関する政府間パネル）などによって気候変動に関する科学的知見が蓄積されたこと③二大排出国の米国と中国が足並みをそろえて積極姿勢に転じたこと④政府関係者以外に世界のＮＧＯや科学者・専門家集団、市民などがパリ協定採択を強く後押ししたこと⑤議長国フランスの外交手腕、などが挙げられるだろう。特に同時多発テロを乗り越えて、ＣＯＰ21を成功に導いたフランス政府に対する国際的評価は高かった。

パリ協定は、批准国が五五カ国以上に達し、それらの国の排出量が世界全体の排出量の少なくとも五五％以上を占めるという条件を満たして三〇日目に発効する。京都議定書の場合、発効までに七年以上かかった。今回はどうなるだろうか。

2　削減目標の達成は義務化できず

実効性に不安

全体的に高い評価を受けたパリ協定だが、各国が掲げる削減目標の達成自体を義務化できず、パリ協定の限界を示した。実効性に不安を残し、COP21に参加した環境NGOのメンバーからは「削減に向けた義務が担保されていない。悪い合意で、悲しい日となった」など強い批判の声が上がった。なぜこんなことになったのか。緩い枠組みが今後に与える影響はないのだろうか。

COP21の議長国フランスの采配が優れていたからパリ協定の採決に至ったとされるが、交渉を終始リードしたのは世界の二大排出国の米中だった。その米中の事情がパリ協定の主な内容を決めてしまったと言えるだろう。

温室効果ガス排出量で世界一位の中国と三位のインドは、もともと途上国の代表として「地球温暖化は先進国の責任。排出削減は先進国が行うべきだ」と主張し続けた。COP21にあたっても「協定が途上国の発展の足かせになってはならない」と強くけん制した。

一方、米国では連邦議会上下両院で温暖化対策に極めて消極的な野党・共和党が多数を占めるため、オバマ政権は協定が議会に諮らずに批准できる緩い内容になることを願った。それが議定書ではなく、法的拘束力は持っても一段下の位置づけの協定にすることにつながった。こうして参加各国は「米国や中国、インドの参加がなければ協定は成り立たない」と判断し、削減目標の達成を義務化しない道を選ぶことにした。

以前からできていた流れ

こうした流れは以前からできていた。二〇一三年にポーランドで開かれたCOP19では、二〇二〇年以降の温室効果ガス削減目標について、各国が自主的に決めた上で早ければ二〇一五年三月末までに国連に提出するよう求めた合意文書を採択した。

すべての国が先進国と同じように削減目標を掲げることには一部の途上国・新興国が最後まで反発したため、必ずしも目標を掲げなくても、行動計画のような貢献策の提示でも構わないという表現に変更された。新枠組みでは、各国の自主目標が十分かどうかを多国間でチェックする仕組みになる見通しとされた。

二〇一四年のペルーでのCOP20では、各国が二〇二〇年以降の削減目標を自主的に掲げる基本ルールを盛り込んだ合意文書を採択した。

自主目標では温暖化防止に不十分だとして、その妥当性を検証する仕組みが検討されたが、各国の意見が対立し見送られた。他国から干渉されたくないと考える中国とインドへの配慮と考えられた。

結局は気候変動枠組み条約事務局が二〇一五年一〇月一日までに提出された各国の目標をまとめた報告書を、COP21の一カ月前までに用意するとの表現になった。

自主目標では各国が勝手に目標を出すだけで、削減は義務にならない可能性があると考えられた。

温暖化対策に積極的に取り組んできたEU(欧州連合)や海面上昇が現実の脅威となっている太平洋

の島しょ国などは削減目標の達成を義務づけることを主張した。

これに対し、中国やインドが義務づけに反対し、日本も「目標の達成と実施状況の報告を義務づけるだけで十分」との態度を取った。そして結局は、「新枠組みでは途上国を含むすべての国の参加を目指すことから、厳しいルールよりも合意を優先させ、達成の義務化を見送る」ことがCOP21の前に主要国の大勢となった。

点検などで義務化に近づける

義務化は見送られたが、義務化に限りなく近づけようという努力は続けられた。目標を定期的に点検し、引き上げる仕組みを作るのが焦点となった。

その結果、産業革命前と比べて世界の平均気温上昇を二度未満に抑えるという長期目標の達成に向け、定期的な点検と見直しの仕組みが今回合意された。各国が提出した目標を足し合わせた効果を五年ごとに世界全体で検証し、その結果を受けて自国の目標を更新する機会を与え、対策を徐々に強化する。

各国が目標を五年ごとに見直し、提出することは義務となり、目標の後退は原則としてできないとされている。これによって「削減目標の順守は担保される」という見方がある。各国は二〇二五年または三〇年に向けた目標を掲げているが、これは通過点に過ぎない。日本が掲げた「二〇三〇年度までに二〇一三年度比二六％減」の目標も、五年ごとに見直すことになる。各国は実質排出ゼロ社会に向けた長期的な国家戦略を二〇二〇年までに作ることも求められている。

各国の自主的な削減目標の提示と目標達成の義務化の見送りは、パリ協定の最大の欠点となっており、いわば「薄氷の合意」「妥協の産物」だ。目標達成に対する拘束力は弱いけれども、すべての国が参加するという点では強い合意だと見ることもできる。

これまで続いた苦難の交渉を見る限り、やむを得ない結論と言えそうだが、すべての国が積極的に削減に努めなければ、パリ協定は有名無実のものになってしまう。パリ協定を本当に評価できるのは世界全体の削減状況がある程度見通せる一〇年後、二〇年後のことだろう。

3　今世紀中に実質排出ゼロとは

差し引きゼロという発想

パリ協定では、産業革命前からの気温上昇を二度未満に抑えるとともに、二一世紀中に温室効果ガス排出量を実質ゼロにするという意欲的な長期目標を掲げた。

実質排出ゼロは、工場や発電所など人間の経済活動によって出る量と大気から取り除かれる量を同じにして差し引きゼロにするということで、カーボンニュートラル（炭素中立）ともいわれる。

現在、エネルギー起源CO_2の世界の排出量は年三二一億トンに及ぶというのに、これを実質ゼロにすることができるのだろうか。国際社会に大変な努力を求めているが、これが実現できない限り温暖化防止は不可能なことを意味している。

ＩＰＣＣの第五次評価報告書は、二度目標を達成するには二〇五〇年には二〇一〇年比で温室効果ガス排出量を四〇～七〇％削減し、二一世紀末には七八～一一八％削減、つまりほぼゼロにしなければならない、と述べた。

一方、パリ協定では、増え続ける温室効果ガス排出量をできだけ早く頭打ちにし、「今世紀後半に人為的な温室効果ガスの排出と吸収源による除去の均衡を達成する」としている。

人為的な排出とは、石炭や石油などの化石燃料を燃やすときや森林の伐採など土地開発をしたときに出るものであり、人為的な吸収源とは大規模な植林や一部実用化されているCO$_2$回収・貯留（CCS）のことを指し、これが同じ量になれば実質排出ゼロを意味する。

両者が釣り合って実質ゼロなら、海や森林など自然の吸収によって大気中に残留するCO$_2$は徐々に減っていくという。

目標達成は厳しい

IPCCの同報告書によると、二度目標の達成には、一九世紀後半以降の大気中へのCO$_2$排出量の累積を二兆九〇〇〇億トンにとどめなければならない。すでに二〇一一年までに一兆九〇〇〇億トンが排出済みで余裕があまりないため、排出量を年四〇〇億トンにもっていく必要がある。ところが、各国が二〇二〇年以降の目標通りに減らしたとしても、二〇三〇年の排出量は五五〇億トンになる見通しだ。

かなりの開きがあり、二度目標達成にはほど遠い。温暖化が進めば自然の吸収量は失われていくという問題もある。大気中から人工的にCO$_2$を取り除く量を増やせれば問題解決につながるためCC

Sが期待され、IPCC報告書は、植物による吸収とCCSを組み合わせた「バイオCCS」の導入を挙げている。農地や森林を増やして大気中のCO_2を吸収させ、そのバイオ燃料や木材を発電などの燃料として排出されたCO_2をCCSで回収・貯留する。使う燃料をすべて植物由来にできるなら、大気中CO_2の増加を止めるばかりか、最終的には減少にもっていけるというのだ。

だが、これは夢物語に近い。研究者たちの試算によると、炭素を年間一トン（CO_2換算では三・七トン）吸収するには、約二〇〇〇立方メートルの水と約六〇〇〇平方メートルの土地を使ってサトウキビやトウモロコシなどの作物を栽培する必要がある。二一世紀後半に見込まれる排出量と吸収量を均衡させるには、世界中の農地をすべて使い続けても足りない計算だという。

温暖化を防止しようとして、農地の開墾で水不足を招いたり、森林伐採につながるのではまったく意味がない。専門家は「IPCCのいうバイオCCSは万能ではない。いまある技術で排出削減を積極的に行うことが先決だ」「実質排出ゼロは、人為的な排出をゼロにすることとあまり変わらない」などと主張する。

日本人一人当たり八トンの削減

IPCCのいう二〇五〇年に四〇〜七〇％削減を達成するには、一人当たりCO_2排出量は世界各国を均等化して年二トンが目安になるという。日本人は現在年一〇トン弱排出しているから八割程度削減する必要がある。

大変な量だが、実は日本政府もこうした点を考え、二〇一二年に「二〇五〇年に八〇％削減」を閣議決定しているから驚くようなことではないのだ。再生可能エネルギーの利用を大幅に拡大するとともに、バイオマス（生物資源）やCCSなどにも頼らなければならない。いずれにしろ実質排出ゼロは化石燃料依存から完全に脱却し、脱炭素社会を築かなければ不可能で、我々に相当の覚悟を求めている。

パリ協定によって今後の目標が明確になったことで、世界ではこれをビジネスチャンスと捉えてさまざまな動きが出てきた。米国のグーグルやマイクロソフトなど世界のトップ企業が実質排出ゼロを目標に掲げ出した。英国のスコットランドや米ハワイ州などは、地域内のエネルギーを一〇〇％再生可能エネルギーで賄う目標を打ち出した。今後、二度目標の達成に向けて投資機会が大幅に増えるとの見通しも示された。経済やエネルギーの面で世界が大きく変わろうとし、それは我々の生活にも跳ね返ってくるだろう。

4　二度目標に一・五度努力目標が加わる

さらに厳しい努力目標の理由

二度目標と並んで一・五度努力目標を示したことが、パリ協定の特徴の一つだろう。産業革命前からの気温上昇を「二度よりかなり低く抑える」として二度目標を掲げるとともに、「一・五度未満に抑えるよう努力する」と一・五度努力目標を盛り込んだ。二度目標でも達成は非常に厳しいというのに、一・五度努力目標が加わったのはなぜなのか。

「どのくらい地球の平均気温が上昇すると、人間や生物にとって危険な状態になるのか」という問いはずっと以前からあった。温暖化による気温上昇を何度に抑えるかという目標を掲げることは温暖化対策を行う上で避けて通れず、かつなかなか明確な答えを出しにくいテーマだった。日本のプロジェクトチームやEUはこれまで、工業化以前の一九世紀半ばに比べて最大二度の上昇に抑えるべきだという考え方をとってきた。現在の二度目標とほぼ同じ内容と考えていいだろう。

これに対し、二〇〇七年のIPCC第四次評価報告書では「二~三度上昇」が許容限度と考えられるとの見解を初めて示した。報告書は「気温の上昇が約二~三度以上でどの地域も恩恵が減るか損失が増える」とし、具体例として広範に及ぶサンゴの死滅、毎年の洪水被害人口が追加的に数百万人増加、などを挙げた。この際にIPCCが示した値は一九九〇年レベルからの上昇分を指し、産業革命前から一九九〇年までに約〇・六度上昇したから合計では二・六~三・六度上昇となり、二度目標との差は大きかった。

「二度では耐えられない」の訴え

このような経過を経て二〇〇九年にイタリアのラクイラで開かれた主要国首脳会議の首脳宣言に「世界全体の平均気温の上昇が二度を超えないようにすべきだとの科学的見解を認識する」の文言が盛り込まれた。さらに翌二〇一〇年にメキシコ・カンクンで開かれたCOP16で二度目標が初めて合意された。一年前のCOP15以降の国際交渉では、気候変動の影響を受けやすい小島しょ国連合(AOSIS)やアフリカ諸国は気温上昇幅を二度よりも厳しい一度や一・五度にすべきだと強く主張した。「二度ではとても耐えられない」という訴えに対し、先進国は二度より低く抑えるという長期目標は現実味がないとして同意せず、議論はまとまらなかった。

このため、カンクン合意では二度目標を不十分とする国々への配慮から、二度目標の十分性や妥当性について定期的に評価し、一・五度上昇の影響についても考慮しながら長期目標の強化を検討する、としていた。これがパリ協定につながったと考えられる。

パリ協定の採択に至ったCOP21では「気候変動で最初の犠牲になるのは小さな島国だ」と言い続ける小島しょ国に加え、ナイジェリアやネパールなどが気温上昇を一・五度に抑えることを求めた。中でも目立ったのは、太平洋に浮かぶマーシャル諸島のデ・ブラム外相であり、水没する自国の窮状を訴えながら、一・五度を目標に加えることを求める演説をした。これに対しインドとサウジアラビアが強く反対したため、この提案は却下された。これに多くの参加国が憤激し、EUが中心となって、同外相が提唱する一・五度目標実現のための「野心連合」が結成された。米国もすぐ参加し、インドなどは孤立した。こうして会議後半には一・五度に抑えることに賛成する動きが主要国の間に広がり、一・五度努力目標が取り入れられた。

小さな島国の声が届いた

二度上昇でも国全体が水没する恐れがある小さな島国などの長年にわたる訴えと気候変動が突きつける厳しい現実が、一・五度努力目標の結実につながった。パリ協定を受けてIPCCは一・五度未満に抑えることのシナリオに関する特別報告を二〇一八年までにまとめることが決まった。その報告で一・五度未満の意味や、その実現のための道筋が示される可能性がある。

IPCCの第五次報告書によると、二一世紀末の大気中温室効果ガス濃度を四五〇ppmに抑えれれば気温上昇を二度未満にできる可能性が高くなり、四三〇ppm未満なら一・五度未満の可能性が出てくるという。ただ温室効果ガス濃度は現在、すでに四五〇ppmを超えており、CO_2だけで年間二ppmのペースで増えている。そしてバイオCCSなどによって大気中CO_2を除去する見通しも立たない現状では、一・五度努力目標どころか、二度目標すら容易ではない。一方で気候を安全に保つには温室効果ガス濃度を三五〇ppm以下にすべきだという科学者は多く、小島しょ国連合もCO_2濃度を三五〇ppm以下で安定化させることを要求している。

5　いまの削減目標ではまだまだ足りない

UNEPの衝撃

パリ協定では二度目標と一・五度努力目標が掲げられた。産業革命前から二〇一五年までにすでに一度上昇しているから、差し引き一度と〇・五度しか残されていない。この範囲に世界の平均気温の上昇を抑えれば、我々は気候変動による影響を最小限にとどめることができるという。だが、「各国が示した温室効果ガスの削減目標ではとてもこんなレベルに気温上昇を抑えることはできない」という結果が各種の機関・団体から示された。

まず一石を投じたのがUNEP(国連環境計画)だった。UNEPは二〇一三年、「ギャップリポート」と呼ばれる報告書をまとめ、二度目標達成には現状の各国の削減努力では不十分と指摘した。

それによると、二〇一〇年時点の温室効果ガス排出量はCO_2換算で約五〇〇億トンだが、現状のペースで進めば二〇二〇年時点では五九〇億トンに増える。二度目標達成には四四〇億トンに抑える必要がある。ところが各国が当時自主的に掲げた二〇二〇年の削減目標が実現したとしても、目標の水準を八〇億～一二〇億トンオーバーしてしまうという結果が出た。UNEPは翌年にまとめた報告書では、このままいくと二〇三〇年時点で一七〇億トンの追加的な削減が必要になるとの試算を示した。

想像を絶するギャップ

目標と現実の間に開きがあるという意味でギャップリポートと呼ばれたが、その後、何十億トンもの差があることから、その大きな隔たりに対して「ギガ（一〇億の単位）トンギャップ」という言葉が使われるようになった。

二〇一五年には科学者らで結成した国際NGO「クライメート・アクション・トラッカー」が、世界各国が国連に提出した二〇二〇年以降の温室効果ガスの削減目標のうち、大部分の排出量を占める一五カ国・地域の目標と政策を検証した結果、各国の目標をすべて足し合わせても二度目標を達成できないとする分析結果を発表した。二度目標の達成に必要と見込まれるCO_2の削減量と比べ、二〇二五年時点で一二〇億～一五〇億トン、二〇三〇年時点で一七〇億～二一〇億トン足りない。各国のいまの削減目標では二一世紀末には気温は二度をはるかに超え、三度前後上昇してしまうという。

同NGOはその後、二〇一五年一〇月一日の期限までに国連気候変動枠組み条約事務局に提出された一四七カ国・地域の削減目標の大部分について分析し、今世紀末の気温は二・七度上昇するとの予測を改めて発表した。

OECDの報告書も「二度を超える」

OECD(経済協力開発機構)も二〇一五年、各国の削減目標を足し合わせても、二〇四〇年ごろまでに二度を超えてしまうとの報告書をまとめた。提出期限よりかなり早い段階に報告書をまとめたIEA(国際エネルギー機関)も「中国を含めこれまでに明らかになっている各国の目標では、気温上昇は今世紀末に二・六度になる」と分析した。

パリ協定の総元締めである国連気候変動枠組み条約事務局は、各国から期限までに提出された削減目標を分析した報告書をまとめ、各国が二〇二五年または二〇三〇年までの目標を達成しても、二度目標の達成には不十分とした。

すべての国が目標を達成すれば、二〇三〇年に世界の温室効果ガス排出量は削減目標がないときに比べ年間四〇億トン減るものの、二度目標には一五一億トン超過するという分析結果だった。全体の排出量は増え続け、将来、急激な削減が必要になると述べている。同事務局は気温上昇や各国の目標についての評価はしなかった。

科学者たちからも二度目標達成は極めて厳しいという見方が示されてきた。二〇一四年四月に地球温暖化の緩和(削減)策について報告書をまとめたIPCC第三作業部会は、二度目標達成の可能性は残っていると結論づけたが、同部会のオットマー・エデンホファー共同議長は「ささやかな希望である」と述べ、厳しい道のりであることを浮き彫りにした。

ユネスコなどが二〇一五年七月に世界約一〇〇カ国から気候の専門家約二〇〇〇人を集めてパリで開いた会議で、WMO（世界気象機関）のミシェル・ジャロー事務局長は「我々にはまだ未来を選択できるが、その時間は尽きつつある」とあいさつした。会議の最後に出された声明は、温暖化の影響が世界中ですでに現れていることを改めて指摘し、「気温上昇を二度未満に抑えることは急速に困難になっている」と警告した。

二度目標ですら、こうした状況である。一・五度努力目標をどうやって達成することができるのだろうか。IPCCの第五次報告書は「温室効果ガスの累積排出量と地上の気温上昇はほぼ比例する」との見解を初めて示した。時々刻々、放出されていくCO$_2$などは二度目標、一・五度努力目標を限りなく遠ざけていく。

6　COPとIPCCの限界

条約だけでは動かない

これまで見てきたパリ協定はCOP21で採択された。

COPは締約国（条約に加盟した国）会議のことであり、大気中の温室効果ガス濃度の安定化を究極の目的とする気候変動枠組み条約が発効した翌年の一九九五年以降、毎年一回開かれている。

一方、ＩＰＣＣは一九八八年一一月にＷＭＯとＵＮＥＰが地球温暖化問題を政府レベルで検討しようと設立したもので、各国の科学者や行政担当者、政治家など専門家が結集した国連機関である。ＣＯＰ、ＩＰＣＣともに国連が深くかかわっており、世界の温暖化対策に取り組んできた車の両輪である。

気候変動枠組み条約には限界があり、これだけでは温室効果ガスの削減は進まない。そこでＣＯＰ１では、先進国の二〇〇〇年以降の温室効果ガス削減目標などを定めた法的拘束力のある議定書をＣＯＰ３で採択することを決めた。一九九七年に京都で開かれたＣＯＰ３では決裂の危機を乗り越え、京都議定書を採択した。一九九〇年比で二〇〇八年から二〇一二年まで（第一約束期間）の削減目標を先進国平均で五・二％とし、国別では日本六％、米国七％、ＥＵ八％と一％ずつの差が設けられた。

京都議定書の成果

京都議定書はその後、いばらの道を歩み、発効したのは採択から七年余経った二〇〇五年二月だった。この間、米ブッシュ政権は二〇〇一年、「米国経済に悪影響を与える」「途上国に削減義務が課せられていない」などを理由に京都議定書から離脱を表明した。それでも五年間の約束期間が終わってみると、参加した先進国の三七カ国・地域の平均削減率は一九九〇年比で二二・六％と目標の五・二％を大きく上回った。京都議定書は一定の役割を果たしたことになる。しかし、中国、インドなどの経済発展もあって世界の排出量はCO_2で見ると一九九〇年比で五割も増えた。

京都議定書の第一約束期間の終了後の温室効果ガス削減をどう進めるか、という議論は白熱した。

二〇一三年以降も京都議定書をそのまま延長しようとしても、議定書を離脱した米国やカナダ、それに排出削減を義務づけられていない途上国を合わせた温室効果ガス排出量は全世界の排出量の約三分の二を占める状況になり、これらの国の意味のある参加がなければ温暖化防止の効果は上がらないと考えられた。二〇〇七年のドイツでの主要国首脳会議では、新たな取り組みとして「二〇五〇年までに温室効果ガスの排出量を少なくとも半減させることを真剣に検討する」という合意が成立した。

横浜市で 2014 年に開かれた IPCC 第 38 回総会（出典：環境省）

二〇一一年のCOP17では京都議定書を五～八年延長させることを決定したほか、二〇二〇年にすべての国が参加する新国際枠組みを発足せることで合意した。それがパリ協定採択につながり、京都議定書からパリ協定へのバトンタッチとなった。日本やロシアは京都議定書第二約束期間（二〇一三～二〇二〇年）への参加を見送った。

IPCCは一九九〇年に第一次評価報告書をまとめ、深刻化する温暖化に対応しようという気候変動枠組み条約の採択に結びついた。一九九五年の第二次報告書は「CO_2の濃度を現在レベルで安定化させるためには排出量を直ちに五〇～七〇％削減する必要がある」と指摘した。二〇〇一年の第三次報告書は「過去五〇年に観測された温暖化のほとんどは人間活動に起因する」と述べ、温暖化懐疑論に反論する形となった。二〇〇七年の第四次報告書に続く二〇一三～一四年の第五次報告書は、このままでは二一世紀末には世界の平均気温は〇・三～四・八度上昇、海面も二六～八二センチ上昇すると予測し、国際社会に迅速な対応を促した。ＩＰＣＣはアル・ゴア元米副大統領と並んで温暖化に警鐘を鳴らすなどの功績が評価され、二〇〇七年にノーベル平和賞を受けた。

各国のエゴが前面に

ＣＯＰ、ＩＰＣＣがあって世界の温暖化対策が進み、温暖化の科学的知見が蓄積されたことは間違いないが、各国政府が関与する両者には限界があることも否めない。

ＣＯＰでは絶えず各国が衝突し、その最たるものは先進国と途上国の対立だった。交渉を自国に有利に進めようとさまざまなグループも結成された。各国の駆け引きが横行し、京都議定書で日本六％、米国七％、ＥＵ八％の削減率となったのも科学的根拠があったわけではなく、三者の思惑が一致した結果だった。

パリ協定で削減目標の達成を義務化できなかったのは、米国や中国の意向に従わざるを得なかったからだ。科学ではなく国際政治や各国のエゴが前面に出ている会議だと考えていいだろう。日本の交渉官の中には温暖化対策に後ろ向きの人物がいて、日本の足並みがそろっていないことが露呈することもある。

ＩＰＣＣは政府間組織であり、ことを穏便に済ませようという慎重かつ保守的な傾向が強い。科学者よりも政治家や行政担当者の意向が優先され、「この道を選ぶべきだ」ということは言わない約束になっている。各国政府は対策に巨額の出費を強いるような報告書を望んでいないから、温暖化の今後の見通しなどをめぐって現実より甘めの数字を出してきたと批判される。例えば第四次報告書は平均気温の「二〜三度」上昇が許容限度との見解を初めて示したが、もともと「二度」上昇となっていた原案が書き改められた。これは政治的に配慮したものと受け取られた。各国のコンセンサスが重視されるほか、各種論文を参考にするだけでＩＰＣＣ独自の研究は行わないという弱点もある。

ＩＰＣＣの報告書は専門家でも全部読むのは骨が折れるほど膨大だ。このため「政策決定者のための要約」が出されるが、一行一行厳しいチェックを行い、各国政府の代表者が合意したことだけが書き込まれる。すべての国が合意した要約だから、玉虫色の内容になるのは避けられない面がある。

二度目標はほとんど破綻したとされながら、ＩＰＣＣ第五次報告書は二度目標について「(実現できる）多様な道がある」と明記し、ＣＯＰ21のパリ協定に至っては二度目標に加えて一・五度努力目標まで盛り込んだのは、両者の限界、八方美人的という見方ができるだろう。各国の合意を得るため「まだ何とかなる」という姿勢を貫かざるを得ないのだろうが、温暖化の科学的現実を覆い隠しているという批判は根強い。ＣＯＰやＩＰＣＣは、アンケート結果などから一般の人にはその存在をほとんど知られていないという問題も抱える。

7　カギを握る米国と中国

両国で四割の排出量

途上国を含むすべての国・地域が温室効果ガスの削減に取り組むことになったパリ協定を受け、今後の温暖化交渉や温暖化対策のカギを握るのは米国と中国だろう。温室効果ガスの排出量で世界二位と一位の両国を合わせると世界の排出量の四割以上を占める。京都議定書を離脱した米国と、途上国として同議定書では削減義務を負わなかった中国が、いまや温暖化問題の主役となることは歴史のいたずらなのだろうか。

パリ協定の布石となった重要な会談が二〇一四年一一月に行われた。米国のオバマ大統領と中国の習近平・国家主席が北京で会談し、温室効果ガス削減の新たな目標で合意した。米国は二〇二五年までに二〇〇五年比で温室効果ガスを二六～二八%減らすと宣言。一方の中国は二〇三〇年ごろまでにCO_2排出量がピークを迎えるようにし、消費エネルギーに占める再生可能エネルギーの比率を約二〇%とするとの目標を掲げた。

オバマ政権は「二〇二〇年までに一七%削減」を掲げてきたが、二〇二〇～二〇二五年は削減ペースを倍にする。シェールガス量産化でCO_2排出量の多い石炭から天然ガスへの転換が進んでいることが積極策を可能にした。中国はそれまで国内総生産（GDP）当たりの排出削減目標しか示せず、総排出量は右肩上がりの状態が続いていた。

国際的な二度目標の達成には中国が早期に総量削減にカジを切ることが欠かせず、途上国からも中国への批判が出ていた。中国が前向きの姿勢に転じた背景には、深刻な大気汚染を改善するため石炭使用を減らす必要があるという国内事情もあった。

同年九月の国連気候変動サミットでは、米中両国は二〇二〇年以降の削減目標を「二〇一五年三月までに提出する」としていた。それを両国が歩調を合わせて前倒しし、そろって前向きな削減目標を示したことは、間近に迫ったCOP20を意識したからだった。国際政治や中国の人権問題をめぐって対立する両国にとっては、温暖化問題では足並みをそろえようという意図があったに違いない。EUなどからは「中国の排出ピークが二〇三〇年ごろというのは遅すぎる。それで二度目標は達成できるのか」という反発もあったが、COP21での合意に見通しが出てきたと国際的には受け取られた。

「たった一つの惑星しかない」

米オバマ政権は二〇一五年一月には、石油・天然ガスの採掘施設から漏れ出す温室効果ガスのメタンを二〇二五年までに二〇一二年比で四〇～四五％削減するという目標を発表した。前年に打ち出した削減目標の達成に向けた柱とする方針だ。さらに同年八月には、国内の火力発電所から出るCO_2排出量を二〇三〇年までに三二％削減することを中心とする規制計画を発表した。

オバマ大統領は「気候変動との闘いで、これまでで最も重要な措置だ」と自ら意義を強調した。また同大統領は「我々は気候変動の影響を受ける最初の世代であり、それに対して行動できる最後の世代だ。我々にはたった一つの惑星しかない」と危機感を表明し、米国の行動が中国を温暖化対策に取り組ませるきっかけになっているとも指摘した。米国内では石炭・石油業界や野党・共和党が強く反発したが、米オバマ政権にとってはCOP21の主導権を握ろうという意図もあった。

二〇一五年一一月末、COP21開催直前にも米中首脳はパリで会談し、オバマ大統領は「二大排出国として、我々はお互いに行動する責任があると誓ってきた」と述べ、習主席も「今回の会議の目標実現に協力しよう」と応じた。そしてCOP21は米中の思惑通りに進んだ。温室効果ガス削減に途上

中国	2030年までに排出量をピークとする
米国	25年までに26～28%減　(05年比)
EU(欧州連合)	30年までに少なくとも40%減　(90年比)
インド	国内総生産(GDP)あたりの排出量を30年までに33～35%減　(05年比)
ロシア	30年までに25～30%減　(90年比)
日本	30年度までに26%減　(13年度比)

主な国・地域の削減目標

国を含むすべての国が取り組むことがパリ協定によって決まり、両国が難色を示した削減目標達成の義務化は見送られた。米国が削減目標に沿って積極的に削減を進めると同時に、中国が早急に温室効果ガス排出量増加に歯止めをかけ、総量削減を実現することが今後の焦点になる。

消極的だった米中が先頭に立つ

米ブッシュ政権は二〇〇一年に京都議定書から離脱、国際信義にもとる行為だと強く批判された。中国は短期間に農業国から経済大国へと変身を遂げたものの、途上国の代表として「温暖化の責任は先進国にある」と主張し続け、温室効果ガスの削減に消極的だった。その両国がいま、温暖化防止の先頭に立つ。

これまでの温暖化交渉をリードし続け、温暖化防止に積極的に取り組んできたEUはいまも「一九九〇年比で二〇三〇年までに少なくとも四〇%削減」と最も高い削減目標を掲げている。日本の削減目標は「二〇一三年度比で二〇三〇年度までに二六%削減」とEUなどに比べればかなり消極的だ。「二〇五〇年までに八割削減」の長期目標自体は維持しているものの、「日本は温暖化防止に消極的」のレッテルをはられつつあり、温暖化交渉でも存在感はほとんどなくなっている。日本は今後、温暖化防止で米国や中国、EUの陰に隠れてしまいかねない。

8　今後の課題は何か

盛り上がるムード

地球温暖化対策を全員参加で進めようというパリ協定の署名式が二〇一六年四月二二日、ニューヨークの国連本部で行われた。

パリ協定採択に力を尽くしたフランスのオランド大統領やケリー米国務長官をはじめ、中国や日本代表など計一七五カ国・地域の首脳や閣僚らが出席し、署名した。国際条約の署名式としては参加国が過去最高となり、パリ協定への世界の関心の高さを示した。その日は地球環境について考える「アースデイ」で、世界各地で地球温暖化や気候変動など環境関連のイベントが開かれた。

ツバルやモルディブといった海面上昇の脅威に直面する島国など一五カ国は国内手続きを済ませ、署名と批准を同時に行った。世界の二大排出国である米中両国は、同年三月の首脳会談で年内の批准を目指すことで合意しており、パリ協定は早ければ二〇一六年中にも発効する見通しだ。

温室効果ガスの削減目標の達成を義務化できなかったパリ協定の大きな課題は、実質的に義務化と同じ状態にもっていくことだろう。

そのために欠かせないのがパリ協定一四条（国際的評価の機会）に書かれたグローバル・ストック

テイクだ。ストックテイクは通常「棚卸し」の意味だが、この場合のグローバル・ストックテイクは「全体的な進捗状況を評価する機会」「世界全体の実施状況の確認」という意味と理解すればいい。

この国際評価はパリ協定の目的及び二度目標などの長期目標の達成に向けたもので、最初は二〇二三年に行われ、その後五年ごとに実施される。提出された各国の削減目標や行動は透明性を持って比較され、専門家の議論にもかけられ、全体的に長期目標とのギャップが検討される。

覚悟を求める評価結果

現在の各国の削減目標を足し合わせても二度目標には到底達しないことが各種の機関・団体からすでに示されており、最初の国際評価では相当厳しい結果が出ることが予想される。先進的に行動する国が分かる一方で、削減が遅れている国もクローズアップされるだろう。

この評価結果を受けて、各国はさまざまな制度改革とともに削減目標や行動の引き上げ・拡充を行い、後退することはもはや許されない。先進国の削減目標の達成が義務化されていた京都議定書の時以上に、各国は国際的な監視の目にさらされるだろう。

国際評価で全体の削減量が二度目標達成には足りないと分かった場合にどう対処するかなど、各国の温暖化対策を強化していく方策などについてはパリ協定に書かれておらず、二〇一六年のCOP22から具体的なルール作りが行われる。そうした場では各国の取り組みの公平性や積極性を高める方向で議論し、パリ協定の実効性を確保する仕組みづくりに全力を挙げる必要がある。先進国、途上国とも、削減目標の達成が義務化されていなくても、真剣に、また加速度的に削減行動を強化していくことが求められる。

誰も置き去りにしない政策を

低炭素社会から脱炭素社会に移行させるには化石燃料の使用を徐々に減らし、最終的にはゼロに持っていくことが欠かせない。そうした意味でサウジアラビアやベネズエラなどの石油産出国がパリ協定にどう対処するのか注目されるが、世界的な働きかけが必要になるだろう。各国も再生可能エネルギーの大量導入など、化石燃料に頼らない社会づくりを早急に進めることが求められる。

パリ協定を採択したCOP21より二カ月余前の二〇一五年九月に米ニューヨークで開かれた国連総会では、国際社会が二〇一六～二〇三〇年に取り組む「持続可能な開発のための2030アジェンダ」が採択された。この行動計画は「持続可能な開発目標」（SDGs）とも呼ばれ、経済成長や貧困の根絶、平等な教育、気候変動への対策など一七分野一六九項目の具体的な目標を掲げている。

国連が二〇〇一年につくった「ミレニアム開発目標」（MDGs）を引き継ぐSDGsは「誰も置き去りにしない」をうたい文句にあらゆる貧困をなくという究極の目標を掲げ、気候変動に関しては再生可能エネルギーの利用拡大などを求めている。急激な気候変動はまさに貧困を拡大し、大量の難民発生を余儀なくさせると考えられ、そうなれば持続可能な開発はどこかに飛んでいってしまう。SDGsの一環としてパリ協定が「誰も置き去りにしない」温暖化対策を進める強力な手段になることが期待されている。

第八章　わずかな可能性を求めて

1　パリ協定で世界が協力し合う

絶望からスタートしよう

このまま温室効果ガスの排出が増え続けていけば、急激な気候変動、気候の暴走へと進む恐れが強い。

なんとか世界的に排出削減を軌道に乗せ、最悪の事態を避けたい。パリ協定は産業革命前からの平均気温上昇を二度未満に抑える二度目標や、もっと厳しい一・五度努力目標を掲げたが、各国の現在の削減目標を足し合わせても二度目標を達成することは相当に難しい。

しかし、わずかな可能性を求めて、せっかく合意したパリ協定をもとに世界が協力し合っていくべきだろう。

IPCC（気候変動に関する政府間パネル）第五次評価報告書で用いた四つのシナリオのうち、最も厳しい温暖化対策を行うことを前提にした低位安定化シナリオでは、二一〇〇年には二〇世紀末（一九八六年〜二〇〇五年平均）より〇・三〜一・七度の気温上昇となる。産業革命前からだとそれまでの上昇分の〇・六度を足して最大で二・三度上昇となり、二度をかなり超えてしまう可能性があ

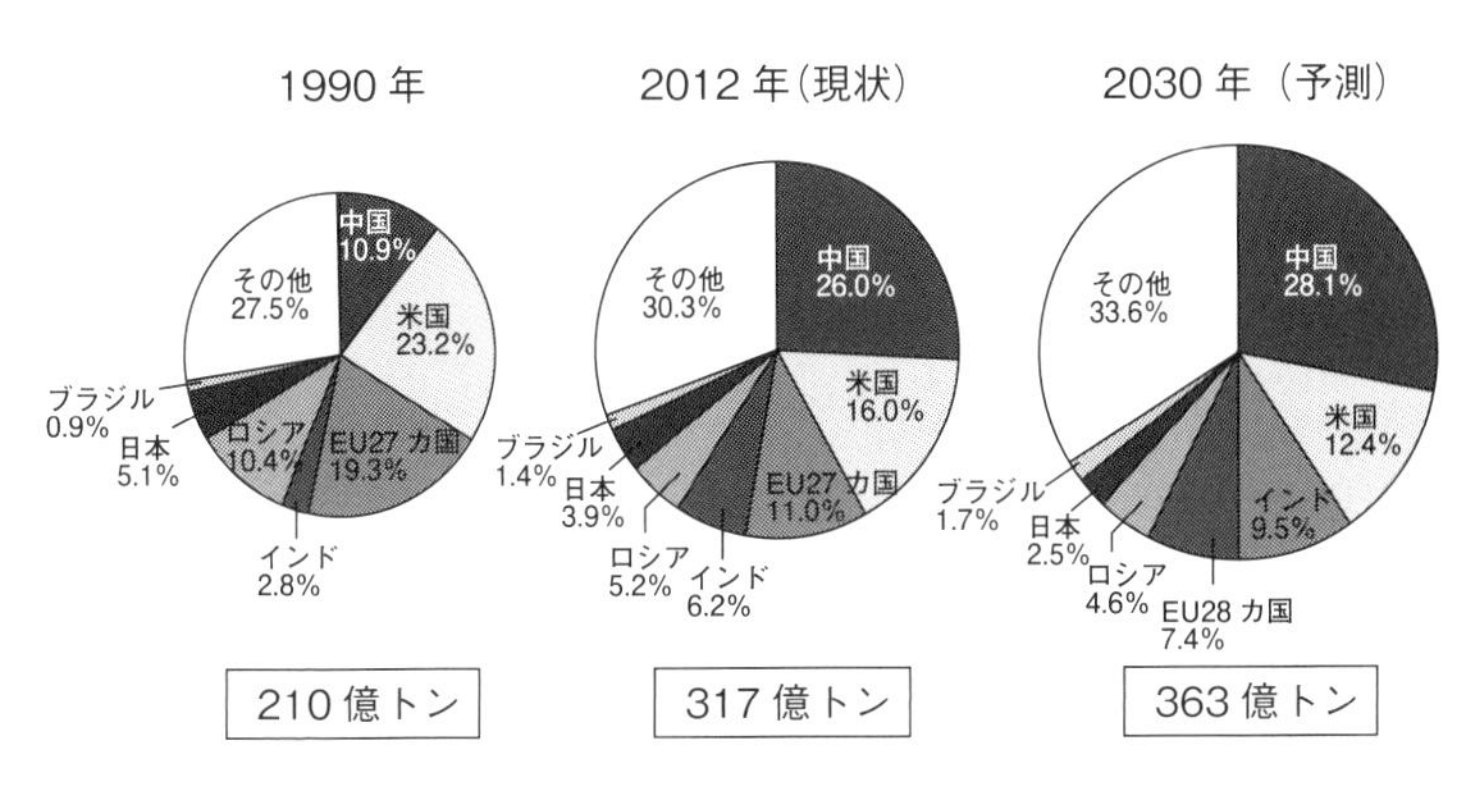

世界のエネルギー起源 CO_2 排出量の推移（環境省作成）

る。一方、温室効果ガスの排出が最も多い高位参照シナリオでは二・六〜四・八度の気温上昇となり、最悪の場合は産業革命前からの気温上昇は五・四度で、二度目標の三倍近くに達する。まさに気候の暴走が始まってもおかしくない状態になる。

高位参照シナリオはいわば架空のシナリオであり、当然のことながらパリ協定をもとに低位安定化シナリオに沿う形で排出削減を進めていく必要がある。しかし、各国の削減目標をすべて足し合わせても産業革命前からの気温上昇は三度ほどになるという結果が出ており、二度目標はおろか、低位安定化シナリオの上限（二・三度）をかなり上回ってしまう。

期待される国際評価

二〇二三年に最初に行われる国際評価（グローバル・ストックテイク）の結果をもとに各国が削減目標や行動の引き上げ・拡充を行うことが不可避となるだろう。その場合の焦点は今後も排出量の増加が見込まれる途上国だ。ところが、制度が整っていない途上国は総量削減ではなくできるところから始めることがパリ協定で認められた。

そこで温室効果ガス排出量世界一位の中国の削減目標は「二〇三〇年までに排出量をピークとする」、同三位のインドは「国内総生産（ＧＤＰ）当たりの排出量を二〇〇五年比で二〇三〇年までに三三〜三五％減」となっている。このため当面の排出量増加は避けられず、早急に総量削減に持っていく必要がある。途上国全体の排出量は世界全体の六割に達しており、途上国の排出削減が最大の課題であることは言うまでもない。

だが、途上国には温暖化対策に回す資金がない。インドは現在の削減目標達成に少なくとも二兆五〇〇〇億ドルを必要とし、先進国からの資金支援を期待する。その点では他の途上国も同様で、化石燃料の消費で経済発展した先進国の資金を頼りにする。

しかし、いまや先進国も自国の排出削減に手一杯の状態であり、途上国に資金支援する余裕はあまりない。二〇一五年一二月のＣＯＰ21（国連気候変動枠組み条約第二一回締約国会議）では、途上国への資金支援について最後まで先進国と途上国の対立が続いた。結局はパリ協定本体ではなく、別の文書で「年一〇〇〇億ドルを下限として新しい数値目標を二〇二五年までに設定する」とうたった経緯がある。

不可欠な資金支援と技術移転

温室効果ガスの排出削減への資金支援だけでなく、気候変動に対応し切れずに発生する「損失と被害」に関しても被害を受けた途上国を救済する仕組みを整えることがＣＯＰ21で決まった。ＵＮＥＰ

（国連環境計画）は二〇一四年一二月、たとえ二度目標を達成したとしても、二一世紀半ばに途上国で発生する温暖化被害の軽減費用は最大で年間五〇〇〇億ドルに達する恐れがあるとの分析結果を発表した。

パリ協定が、途上国を含め全員参加をうたった以上、先進国が途上国に応分の資金支援をすることは当然のことだろう。排出削減に熱心に取り組む途上国には、先進国から資金が流れ込む仕組み作りが重要である。

この問題がうまく決着しない限り、温暖化防止は軌道に乗らない。安倍晋三首相はCOP21で「日本は二〇二〇年に官民合わせて年間一兆三〇〇〇億円の気候変動対策事業が途上国で実施されるようにする」と宣言したが、従来の政府開発援助（ODA）などとの切り分けが難しいという問題がある。経済力をつけた新興国も自発的に資金を出すよう求められているが、中国は他の途上国への二〇〇億元（約三二〇〇億円＝二〇一六年七月中旬時点）支援を表明している。

二度目標や一・五度努力目標の達成には多くの困難が待ち受けている。それを克服するには地球規模の協力体制を築くことが求められる。特に途上国が総量削減に早急に取り組むことが必要で、そのためには先進国からの資金支援と技術移転が欠かせない。国際社会がこの問題の解決にどう道筋をつけるかがまず問われる。途上国にはいまも「先進国は資金協力や技術移転の約束を反故にする一方で、途上国に排出削減の数値目標を義務づけようとするのは納得いかない」という反発があることを忘れてはならない。

2　エネルギー革命に突入

伸びが著しい風力発電

石炭、石油、天然ガスなど化石燃料の使用が地球温暖化を引き起こしたとして、脱化石燃料を図ろうという動きは以前からあった。太陽光発電、風力発電、地熱発電、水力発電、バイオマス（生物資源）などの再生可能エネルギーを最大限利用するとともに、ライフスタイルを全面的に見直し、地元でできた食べ物や木材を利用しようという意識も高まった。小規模分散型電源、地産地消、スローライフなどの言葉も好んで使われている。こんな状況がパリ協定によって一段と加速しそうだ。二度目標と一・五度努力目標に一歩でも近づくには「化石燃料時代の終わり」を宣言する必要がある。世界がエネルギー革命に突入する。

このところ世界の風力発電の伸びが特に著しく、二〇一五年には風力発電施設の発電能力は四億キロワットを越え、原発を初めて上回った。世界風力エネルギー協会（ＷＷＥＡ）や風力発電専門誌によると、世界の風力の発電能力は二〇〇五年ごろから急速に増加し、二〇一五年末には四億一四八六万キロワットになった。世界原子力協会によると、ほぼ同時期の原発は三億八二二五万キロワットという。

稼働率が三〇％程度の風力の発電量は原発の三分の一強だが、ＷＷＥＡは風力の発電能力は二〇三〇年には二〇億キロワットに達すると見込んでおり、現在の傾向が続けば発電量でも風力が原子力を抜く可能性が高い。風力の発電コストも市場拡大と技術革新で下がりつつあり、火力発電と遜色ないところまで来ている。

国別に見ると中国の風力の発電能力が圧倒的に高く、二〇一四年末で一億一四七六万キロワットに達した。以下米国、ドイツ、スペイン、インドとなっており、途上国では中国とインドが風力発電に力を入れている。英国などでは風力の洋上発電が盛んだ。再生可能エネルギー全体でも途上国の健闘が目立ち、再生可能エネルギーの国際組織「REN21」によると、二〇一四年の世界全体の再生可能エネルギーへの投資額二七〇二億ドルのうち途上国が四九%を占めた。伸び率は先進国の前年比三%増に対し途上国は三六%増で、二〇一五年は途上国が上回る見通しだ。途上国の投資額のうち約六割を中国が占めた。

太陽光発電の発電能力は二〇一四年には一億八〇〇〇万キロワットに達した。一方で太陽に向けた多数の反射鏡で集光して水を沸騰させることによってタービンを回し、発電する太陽熱発電も米国などで稼働している。砂漠などに設置した大型プラントで発電し、大都市に送電するという利用法が期待されている。いまや世界で新たにつくられる電源の六割以上は再生可能エネルギーである。再生可能エネルギーの発電コストが下がり、世界の機関投資家が化石燃料関連の企業から投資を引き上げて再生可能エネルギーに振り向ける動きも出ている。

ITの発展が再生可能エネルギーを後押し

再生可能エネルギーには太陽や風任せのため供給が不安定になる弱点を抱える。これに対処するた

熊本県・阿蘇にしはらウィンドファーム（著者撮影）

め、ITを使って電力需給のばらつきを地域的に微調整して効率よく電気を供給し、再生可能エネルギーの供給不安定性にも対処しようとスマートグリッド（次世代送電網）方式の開発が米国などで進んでいる。小規模分散型の発電にも合わせたシステムであり、発電した電力が余れば自家用電気自動車に蓄えておくことができる。スマートグリッド方式の整備は再生可能エネルギー普及の後押しになりそうだ。

パリ協定を採択したCOP21では、世界の脱化石燃料と再生可能エネルギーへのシフトが鮮明になった。

COP21に出席したオバマ米大統領は、CO_2（二酸化炭素）を排出しない次世代エネルギー技術の開発を促そうという計画「ミッション・イノベーション」を発表した。米国、日本、欧州七カ国、中国、韓国、インドなど二〇カ国が参加し、五年間に研究開発投資を倍増させて総額二〇〇億ドルを投じるという。

同大統領は、化石燃料に頼った経済発展は「汚れた段階」と指摘、途上国は一足飛びにクリーンエネルギーによる発展を目指すべきだとした。この計画に連携し、米国のビル・ゲイッ氏ら一〇カ国計二八の起業家・組織が再生可能エネルギーなどの開発に数十億円を投じる計画を明らかにした。

インドのモディ首相はフランスのオランド大統領とともに「国際ソーラー同盟」の設立を発表した。世界の一二〇カ国以上が参加し、安価な太陽光発技術の開発・普及のための支援や投資を呼び込もうというもので、旗振り役のモディ首相は「クリーンエネルギーは夢から現実になりつつある」と語った。CO_2排出量の多い化石燃料関連の企業から投資の引き上げを決めた世界の機関投資家が五〇〇団体を超えたという発表もCOP21であった。また、四三の途上国でつくる「気候脆弱国フォーラム」は二〇五〇年までに再生可能エネルギー一〇〇%と脱炭素化によって排出ゼロを目指すと宣言した。

「化石燃料には戻れない」ムード

そしてパリ協定によって二一世紀後半に温室効果ガス排出量の実質ゼロを目指すことになり、脱化石燃料を確定的なものにした。

もはや化石燃料には頼れないというムードが世界的に一気に盛り上がった。こんな研究結果もある。「少なくとも五〇%の確率で二一世紀中の平均気温上昇を産業革命前から二度未満に抑えるためには、石油埋蔵量の三分の一、天然ガス埋蔵量の半分、石炭埋蔵量の八〇%以上は燃やすことができない」というのだ。

一・五度努力目標の達成のためには、使える化石燃料の量はもっと少なくなる。エネルギー革命に突入する中で、再生可能エネルギーへの大胆なシフトと並んで、個々人も徹底した省エネ・節電やライフスタイルの全面見直しが欠かせなくなっている。新しい時代に突入するが、これまで大きく依存してきた化石燃料に見切りをつけ、脱炭素社会を構築することはそう容易なことではない。

3　石炭と原子力をどうするか

便利で安いものから離れられるか

化石燃料の中で単位熱量当たり最も多くのCO_2を出す石炭火力と、発電時にCO_2を出さないものの安全性への懸念と放射性廃棄物の問題を抱える原子力発電。この二つを今後、どうしていくかは極めて大きな問題である。

世界の電力の約四割はコストが安い石炭火力で賄われ、中国など新興国には老朽施設が多い。日本は東京電力福島第一原発事故を受けて稼働する原発が少ないことから、石炭火力への依存度が高まっているが、石炭離れの進む世界の動向に逆行し、国内外から厳しい非難にさらされている。

「原子力対石炭」という言葉がある。環境運動家たちが長年にわたって原子力に反対してきたことによって、石炭という最も環境汚染がひどく、地球温暖化も促進するエネルギー源がはびこってきたという主張だ。

米国では一九七〇年代から八〇年代にかけて原子力発電計画が強硬な反対を受け、その代わりに石炭火力発電所の導入となった。オーストリアでも反原子力活動家が一九七八年に国民投票を勝ち取ったことから、国を挙げて原子力から石炭火力に方向転換し、原発は完成しても棚上げ状態にされた。環境運動家が温暖化を促進してしまったという批判ともとれる言葉だが、日本ではちょっと違った意味の「原子力対石炭」が進行中だと考えられるだろう。

米国では石炭戦争に発展

二〇一五年一一月、パリで開かれたOECD（経済協力開発機構）会合で、石炭火力を途上国に輸出する場合、政府系金融機関を通じた融資を原則禁止とすることが決まった。これを主導したのはオバマ米大統領だった。シェールガス革命でCO_2排出量の少ない天然ガスを量産できるようになったことから、国内の石炭火力の新設を事実上禁止し、各国首脳にも脱石炭を求めた。これに先立つ九月の米中首脳会談では同大統領は中国から石炭抑制方針を引き出していた。

電源の約四割を石炭火力で賄う米国でオバマ大統領が脱石炭を鮮明にするのに対し、国内では石炭産地の州や州出身の議員たちが猛反発し、全米の半数以上の州が規制差し止め訴訟を起こすなど、さながら石炭戦争に発展している。

英国はこのOECD会合に合わせる形で、国内にある石炭火力発電所を二〇一五年までにすべて廃止する方針を発表した。二〇二三年から限定的な使用にとどめ、二〇二五年までに全廃する計画だ。ルッド・エネルギー気候変動相（当時）は「再生可能エネルギーが成長しているにもかかわらず、石炭への依存度が下がっていない」と述べ、石炭火力の廃止で温室効果ガスを削減する方針を示した。欧州全体でも石炭火力発電所の運転停止に進んでいくと予想される。中国では石炭の消費量が減少し、ベトナムは温室効果ガス削減のため国内で新たな石炭火力発電所を建設しない方針を打ち出した。

日本は脱石炭最下位

一方、英国のＮＧＯ「Ｅ３Ｇ」は二〇一五年一〇月、先進七カ国（Ｇ７）の石炭火力からの脱却度を評価する報告書を公表したが、新設計画が相次ぐ日本は最下位となった。老朽化施設の閉鎖が進む米国が一位となるなどＧ７の他の国で脱石炭が進む中で、日本の対応の遅れが際立つ形となった。報告書によると、「新設計画」「既存施設の閉鎖」「資金提供など国際的な影響」の三分野で評価した結果、七カ国の中で唯一新設を推進し、途上国に石炭火力関連の資金提供を行っている日本はすべての分野で最も悪い成績だった。

日本国内で石炭火力発電所計画が相次ぐのは、福島第一原発事故後、事業者が原発に代わる安価で安定した電源の確保を急いだことと、二〇一六年春からの電力自由化によって業界内の競争激化が予想されたことが関係している。日本は高効率石炭火力への支援だけは引き続き認められることを条件に、ＯＥＣＤでの米国提案に賛成したが、日本の石炭火力増設に歯止めがかからないことは国内外から厳しい批判を受けている。石炭火力の新設に慎重だった環境省もCO_2排出規制導入を条件に容認に転じた。

安全性の問題抱える原子力

原子力発電はCO_2をほとんど出さないという大きな特徴を持つ。CO_2排出量は火力発電に比べ

事故で原子炉建屋が破壊された東京電力福島第一原発（写真提供：東京電力）

ると数十分の一と、再生可能エネルギーの水力や地熱発電と同じレベルだ。このため原子力は温暖化防止に貢献するという声が高まった。

　しかし、原子力には安全性の問題がある。米国のスリーマイルアイランド原発事故、旧ソ連のチェルノブイリ原発事故に続いて二〇一一年三月には福島第一原発事故が発生し、大量の放射能漏れによっていまだに多くの人が古里に帰還できないでいる。

　福島第一原発事故を受けて欧州ではドイツ、スイス、イタリアが脱原発の先頭を走り、原発大国のフランスでも原発依存の低減と電源の多様化を目指している。

　当事国日本では一時すべての原発の運転がストップし、原発の再稼働はなかなか進まない状況にある。それでも経済成長によって電力需要の伸びるアジア地域では原発の増加が見込まれ、実際に中国、インドは原発建設を急ピッチで進めている。

　原子力には放射性廃棄物というやっかいなものがついて回る。特に使用済み核燃料や、それを再処理した後に残る高レベル放射性廃棄物は「究極のごみ」とされ、どこにどのように処分するかが重大な問題である。原発建設で一時的にCO_2を削減できても、世界のどこかで大事故が起これば原発は運転停止に追い込まれ、代替の火力発電によってまたCO_2の大量排出という事態になりかねない。

問題の多い石炭火力は当然のこととして、安全性と放射性廃棄物の問題を抱える原子力もやめるべきだろう。特に地震国日本では二〇一六年四月の熊本地震のようにいつどこで大きな地震が発生してもおかしくなく、原発を安全に運転することは難しい。石炭火力を増やし、原子力にも最大限依存しようという日本政府や電力会社の姿勢は理解できない。それらに代わって再生可能エネルギーの大量導入にもっと本腰を入れるべきだろう。

4　CO_2の回収・貯留にメドつくか

低炭素エネルギーとは——CCSの実現性

ＩＰＣＣ第五次評価報告書は、二度目標の達成に向けて温室効果ガス大幅削減のカギを握るのは低炭素エネルギーだと指摘した。その発電割合をこれまでの三〇％から八〇％以上に引き上げる必要があるという。

では低炭素エネルギーとは何を指すのか。報告書は再生可能エネルギーと原子力、それに火力発電から出たCO_2を地中や海底下に封じ込めるCO_2回収・貯留（ＣＣＳ）と呼ばれる技術の三つに期待すると述べている。

ＩＰＣＣ第三作業部会のオットマー・エデンホファー共同議長は二〇一四年四月の報告書公表に際した記者会見で、ＣＣＳについて「ないと二度以内は無理」とまで期待感を示し、ＣＣＳなしの火力発電は全廃される必要があると指摘した。専門家がそこまで頼りにするＣＣＳとはどんなものなのか。本当に優れた技術なのだろうか。

まずCO_2を大量に出す火力発電所や天然ガスのプラントなどで特殊な装置によってCO_2を分離する。それをパイプラインやタンカーで貯留地点まで運び、高温と高圧で液体と気体の両方の性質を持つ状態にして陸地の油田、炭鉱の跡や、海底下の岩石と水分が混ざった帯水層に封じ込める。上部には水分を通さず、フタの役割を果たす不透水層という地層がある場所を選ぶなど工夫するため、通常ではCO_2が漏れ出ない。最終的にCO_2は地層の水に溶け込み、鉱物と反応して沈殿するという。これがＣＣＳだ。

ＣＣＳは二兆トンのCO_2を隔離できる

ＣＣＳが脚光を浴びるのは、何よりも大量のCO_2を隔離できる可能性があるからだ。ＩＰＣＣがかつて出した特別報告書では、世界で少なくとも二兆トン貯留できる可能性があるとしている。世界のエネルギー起源のCO_2排出量は現在、年間三二〇億トン程度だから単純計算では約六〇年分に相当する。日本でも五〇～一四〇〇億トンの貯留能力があると推定され、実用化された場合のメリットは大きい。

世界ではノルウェーの石油・天然ガス採掘業者が北海でCO_2貯留技術を実用化した。カナダでは

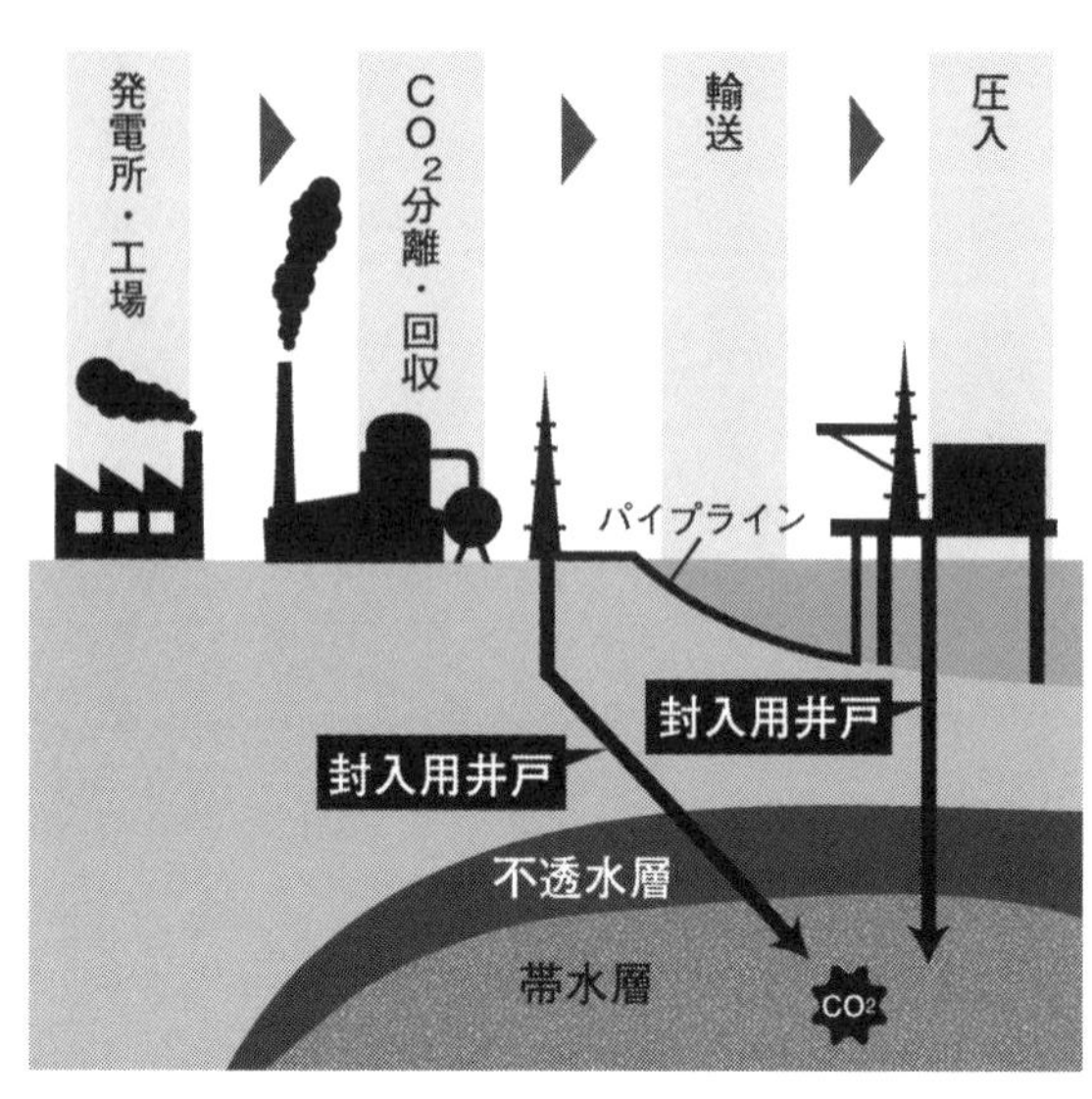

CCSの仕組み

CCSの施設がブリティッシュ・コロンビア、アルバータ、サスカチュワンの三州に建設された。これらの州にはCO_2を大量に排出する施設近くの地下に貯留サイトがあり、いずれ米国が利用してくれれば新たな収入源ができると考えたという。

これまでに大規模なCO_2注入実験は欧米を中心に一〇カ所以上で実施されてきたが、多くは勢いがなくなった油田にCO_2を注入し、原油を増産するのが目的だ。このほか約六〇カ所で計画されているという。

日本では太平洋をのぞむ北海道苫小牧市にCCSの実証プラントが建設され、二〇一六年度から三年間かけ、年間一〇万トン以上を貯留する計画だ。経済産業省の実証事業であり、電力会社や石油会社などが出資して設立された「日本CCS調査」が請け負った。分離したCO_2を斜めに掘った井戸で海底下の地層に入れる方式で、CO_2を大量に出す火力発電所や製鉄所は海岸近くにあるケースが多いため、直下に入れるよりも候補地の選択肢が広がる可能性があるという。CCSではCO_2の分離がコストの大半を占める。今回の実証事業ではアミン液という液体にCO_2をいったん取り込み、それを加熱して分離するが、コスト削減の可能性を探るのも目的にしている。

二〇一四年四月に閣議決定されたエネルギー基本計画は「二〇二〇年ごろのCCS技術の実用化」という目標を掲げた。CCSの実用化に当たっては一カ所当たり年一〇〇万トン規模の注入が想定され、日本CCS調査は「将来的には日本全国で年数億トンの注入も十分可能だ」と言う。だが、CO_2分離を中心に大量のエネルギーを使い、関連施設の建設費や輸送費もかさむ。コスト削減が大きな課題で、経済性を持たせるには、CO_2一トンの回収・貯留に現在の試算で七〇〇〇円かかるのを三〇〇〇円程度にする必要があるという。

本格的な実用化はまだ

最初からCCSは恒久的な対策には向かないとされ、脱化石燃料に至るまでの時間稼ぎの位置づけになっている。閉じ込めたCO_2が漏れ出たり、海洋環境に悪影響を与えたりしないかという懸念もある。IPCCも漏れがゼロとは予測しておらず、「一〇〇年後にどうなるかは誰にも分からない」と見る専門家もいる。「高圧での注入が地震を誘発しないか」と心配する声も上がる。

CCS技術はもともと油田にCO_2を注入して原油を増産する手法として米国で開発された。それが「CO_2削減に使えそうだ」と関心を集め、長年にわたって世界的に研究や実験が行われてきたが、いまだに本格的な実用化には至らない。「かなりの費用がかかり、実現は難しい」「こんな技術に頼るより、化石燃料に頼らないなど地道にCO_2を削減することが重要ではないか」という批判にもさらされ続けている。

それでもIPCCは二度目標達成には欠かせない技術だとCCSに期待を寄せ、植物由来のバイオ燃料などを使った発電所とCCSを組み合わせたバイオCCS導入も推奨する。IEA（国際エネルギー機関）の試算によると、二度目標達成にはCCSが排出削減の一四％分を担う必要があるという。米国は石炭火力発電所について事実上CCSがなければ達成できない排出規制を実施しようとするなど、火力発電所の新増設にCCSを備えるよう求める動きが世界的にある。

パリ協定によってCCSの技術開発、コスト削減に一段と力を入れようという動きが世界的にどれだけ出てくるかが今後の焦点になりそうだ。CCSが「温暖化対策の切り札」と言われるようにならない限り、二度目標達成は見えてこないのかも知れない。

5　各国が適応策に全力を

気象災害への対応がクローズアップ

これから世界が一つになって強力な温室効果ガス削減対策などの緩和策を講じても、ある程度の気温上昇は避けられない。

いや二度目標の達成は厳しいとされるのだから、気候などへの影響が一層顕著になるだろう。しかも最近、世界を襲う熱波や干ばつ、洪水、台風・ハリケーンなどの気象災害に人間の非力さがクローズアップされ、緩和策と並んで温暖化による影響にも十分備えようという適応策への関心が高まっている。

温暖化問題を検討する国際会議ではこれまで、人為的に引き起こされている温暖化をどうしたら抑えることができるかという緩和策の議論が中心に行われ、温暖化がもたらす気象災害などにどう適応するかという点は後回しにされてきた。

それが一転して「緩和策と適応策は温暖化に備える車の両輪。互いに補完し合う」と考えられるようになった。温暖化による影響は国や地域によってかなり違うため、途上国などにとっては緩和策よりも国益と直接結びつく適応策が重要視される傾向が強い。

気候変動を前提とした社会づくりを

これから適応策が必要となるのは、水の利用の効率化や供給量の増加などを図る水資源分野、高温障害などに対処するため作物の種類や栽培時期の変更などを考える食料分野、海面上昇による洪水などに備えた防潮堤のかさ上げや沿岸保護などの沿岸分野、上下水道設備の改善や伝染病予防などの保健分野、経済リスクの分散などの金融分野などがある。気候変動を前提とした柔軟な社会づくりが求められている。

すでに各国で具体的な動きが出ている。スイスやオーストリアのスキー場の一部では雪不足に悩まされ、人工雪の利用や夏のハイキング向けの施設への転換などが進められた。米国では大都市を中心に熱波警報システムが導入され、ニューヨークを猛烈なハリケーンが襲うことを想定した対策作りも行われた。カナダ東部のプリンス・エドワード島と本土を結ぶ全長一二・九キロメートルのコンフェデレーション橋は将来の海面上昇に備え、あらかじめ一メートル高く建設された。ネパールの氷河が解けてできた氷河湖では、下流域の洪水防止のため、堤防の役割を果たしている氷をコンクリートで囲んで万一に備えている。太平洋の島国・ツバルでは、マングローブの苗木を植えて国土を浸食から防いでいる。

人々の暮らしや経済に温暖化による深刻な影響が出始めているため、パリ協定は適応策を温暖化対策の柱に位置づけ、温暖化に対する強靭さを持つことを世界の共通目標に掲げた。各国が自国にあった適応策を作ることが求められ、温暖化に脆弱な途上国への支援策も盛り込まれた。IPCCの第五次評価報告書では、具体的な適応の手法として早期警戒情報システム、水資源の多様化、防潮堤や堤防、新たな作物など、ハード・ソフト両面からの多種多様な手法を示した。

日本も取り組み始めた

日本では適応計画を二〇一五年一一月に閣議決定した。自然災害、農林水産業、水資源、自然生態系、健康、産業活動、国民生活の七分野で今後一〇年間に取り組む対策を掲げている。適応策を「気候変動から人々や生活、生態系を守るためのもので、すべての国が直面する課題」と位置づけ、防災設備の整備と避難などを組み合わせた対策、高温に耐えられる品種の開発、雨水や下水処理の利用促進などを盛り込んだ。対応が必要な七六項目を列挙し、緊急性を「高い」「中程度」「低い」「現状で

2015年9月の関東・東北豪雨で堤防が決壊した鬼怒川(茨城県常総市で著者撮影)

は評価できない」の四つに分類した。

当初、環境省は適応計画の法制化を目指し、気温や降水量の変化に関する情報や企業の適応技術を国全体で共有することを法律で定めようとした。しかし、経済産業省や国土交通省などがこれらの取り組みの義務化を嫌って反対し、法制化は見送られた。英国は気候変動法を根拠に適応計画を作り、オランダや韓国、フランスはいずれも法定計画を作った。日本は適応計画の作成が遅れただけでなく、法制化もならなかった。

既存の政策の中に対策を組み込む

専門家からは「適応策の主流化」にさらに力を入れるべきだという指摘が出ている。これは適応策を特別に掲げるのではなく、既存の政策である防災対策、水資源計画、農業・食料政策などの中に位置づけるということだ。こうしたほうが気候変動への適応がかえって保証されるという。世界で最も進んでいる適応策の分野は食料問題に直結する農業であり、適応策の一つとして遺伝子組み換え技術をどう扱うかという問題が出てくるが、日本などでは賛否両論あって議論は深まらなかった。

いまでも災害への備えが十分でない途上国の適応策は特に重要だ。途上国では気候変動で雨量が減って水を十分に確保できなかったり、氷河の融解による湖の決壊で洪水被害に襲われる地域などが現れ、適応策は急を要するものとなっている。途上国の温暖化対策を支援する国連機関「緑の気候基金」は資金の半分を適応策に充てる方針だが、先進国の一層の資金拠出が望まれている。産業革命前からの気温上昇が四度以上になれば、適応のためのコストは事実上無限大になり、結果的に適応に失敗して膨大な被害が生じると予想されている。

6　気候変動に研究、教育の両面で立ち向かう

期待される温暖化教育

これから地球温暖化による気候変動に対処していくには、研究、教育が大きな役割を果たすのではないか。地味ではあっても、気候変動に関する研究を充実させるとともに、子どもたちから大人までを対象に温暖化の現状とこのままではどんな未来が待っているのかをよく知ってもらうことが欠かせない。将来はすべての教育が差し迫る気候変動の危機を見据えた「持続可能性に向けての教育」になる可能性も語られている。

温暖化が高じた未来を知るには過去を知るのが一番の近道と、古気候学がいま脚光を浴びている。

グリーンランドや南極に広く存在する氷床の柱状試料（氷床コア）のほか、泥炭コア、深海底コア、湖底堆積物、植物化石、生物化石、樹木の年輪などから過去に起きた気候変動をある程度捉えることが可能になった。特に最終氷期には急激な気候変動が起こっていたことが分かった。気候学者にとっては「急激な気候変動」がキーワードになり、進行する温暖化に警鐘が鳴らされた。

しかし、まだ古気候学の精度は十分ではない。なにしろ氷や堆積物などの試料をもとに何万年、時には何十万年前の気候を解き明かそうというのだから、やむを得ない面がある。研究をさらに重ね、過去の大気中CO_2濃度と気温の関係、過去にあった急激な気候変動や気候ジャンプの実態、いまのような間氷期にも急激な気候変動があったのかどうか、などについて詳細なデータを得る必要がある。そうすれば我々を待っている未来の姿がよりはっきりしてくるだろう。

気候モデルの精度向上が課題

未来を知るということでは、コンピュータを駆使して将来の気候を予測する気候モデルの精度向上も欠かせない。最近の気候モデルは随分改善されたが、それでもまだあいまいさが残り、大気中の温室効果ガスが二倍になると気温はどの程度上がるかという気候感度に関しても幅があり過ぎるという問題がある。パリ協定ができて長期目標が明白になった以上、気候モデルはますます重要な意味を持つ。

古気候学や気候モデルだけでなく、科学者の奮起を待たなければならないことは多い。いまこんな疑問が聞かれることがある。「何十年もの間、さまざまな技術革新が行われてきたのに、安い費用で大気中のCO_2を無害なものに変えるとか、大気中からCO_2を取り除くことがなぜできないのか」。気候工学にも絡む話で確かに難問なのだが、近い将来、安価なCO_2除去装置が登場してもおかしくはない。無駄骨に終わるかもしれないが、そうした研究に情熱を注ぐ人が出てきてもいいのではないか。

世界中で進められる人工光合成の研究が実を結べば、エネルギー問題の解決や脱炭素社会の構築に大きく貢献する。温暖化防止に微生物の力を借りようという研究を含め、さらに力を入れるべき分野ではないか。あらゆる学問の総動員で温暖化に対処していくことが求められるだろう。

気になる地学の地位低下

温暖化に直面して地球史を含めた環境教育の重要性が改めて指摘されるようになった。学校で子どもたちが温暖化や気候変動について正しい知識を身につけ、率先して省エネ・節電やものの節約、倹約に取り組むようになれば、大人に与える影響も小さくない。パリ協定の二度目標の実現のためにも、いま社会が一丸となって環境教育の充実に取り組む必要がある。環境教育は防災教育にも密接にかかわってくる。それにつけても日本の高校では気候変動や地震、火山噴火などに関係する地学の地位が低下しているのが気になる。

日本が提案した「国連持続可能な開発のための教育の一〇年」が二〇〇五年から二〇一四年まで世界で実施された。「持続可能な開発のための教育（ESD）」で目指すのは、「地球的視野で考え、さまざまな課題を自らの問題として捉え、身近なところから取り組み、持続可能な社会づくりの担い手となる」よう個々人を育成し、意識と行動を変革することだ。まさに温暖化が進行するいま、子どもたちに求められることではないか。

世界の科学者が温暖化防止で十分な責任を果たしていないという問題もある。IPCCにはさまざまな分野の科学者が各国から結集し、最新データを駆使しながら報告書をまとめており、日本人科学者もたくさん参加している。しかし、報告書をまとめるまでは大変な努力をするが、その後、報告書の内容を分かりやすく一般の人に伝えるとか、温暖化防止の行動の先頭に立つといった点では、十分な役割を果たしていないと思う。

科学者よ、活動家たれ

温暖化問題はその重大性、緊急性からいって関連する科学者が「活動家」になる必要がある。多岐にわたっていて全体を理解するのが実に難しいのが温暖化問題だ。だからこそ科学者の出番なのである。多くの分野の科学者が自らの研究を深めた上で、国民に温暖化問題を分かりやすく解説し、行政や産業界に厳しく迫る時ではないか。一般の人の考え方や行動を変えるには、認知科学や心理学、社会学にとどまらずマーケティング理論などまで含めて幅広い観点から戦略を練り直す必要があり、それも科学者にしかできない。環境教育でも教師と科学者の連携が重要になっている。世界の科学者が地球を「温室」にしないために社会的責任を果たしてほしい。

これまでの温暖化キャンペーンは懐疑論を広める結果になり、失敗だったといわれる。それを率直に反省し、どうしたらいいかを科学者を中心に考えていく必要がある。深刻化する海洋酸性化への取り組みも、温暖化問題の教訓を参考に地道に行うことが欠かせない。科学者は労力を惜しんではならない。

7　経済成長して脱炭素社会へ

世界資源研究所の興味深い報告

パリ協定を受けて世界各国の進むべき方向性を示した興味深い分析結果が二〇一六年四月、米国のシンクタンク「世界資源研究所」によってまとめられた。経済成長を果たしながら、温暖化の原因となるCO_2の排出削減に成功した国が、米国や英国、フランス、ドイツ、スイス、オーストリア、デンマークなど二一カ国に上ったというのだ。経済成長とCO_2削減を同時に進めることは困難といわれてきたが、再生可能エネルギーの大量導入などがこれまでの定説を覆した。経済成長して脱炭素社会に向かうことが現実のものとなった。

世界資源研究所は、世界銀行などが公表している各国の実質国内総生産（GDP）と、エネルギー起源のCO_2排出量について二〇〇〇年と二〇一四年のデータを比較した。その結果、米国はGDPが二八％増える一方でCO_2排出量を六％減らした。英国はGDP二七％増に対しCO_2二〇％減、フランスはGDP一六％増でCO_2一九％減、ドイツはGDP一六％増でCO_2一二％減となった。

同研究所は、再生可能エネルギーや炭素税導入が一定の効果を発揮したと分析した。こうした先進国では「豊かさ＝CO_2排出量の多さ」ではなくなってきている二一カ国の中には旧東欧諸国のルーマニア、ウクライナ、ハンガリーも含まれ、中でもルーマニアはGDP六五％増と大変な経済成長に対しCO_2は二二％減だった。これらの国は古い発電設備の更新などによって低炭素化を成し遂げたようだ。一方、日本はGDP一一％増だったのに対し、CO_2も〇・七％増えた。東京電力福島第一原発事故以降、石炭火力などに大きく頼ったことが原因とみられる。

日本はハイテクノロジーで対応

日本の国立環境研究所や京都大学などのプロジェクトチームは二〇〇七年、太陽光発電やハイブリッド車などCO_2の排出が少ない技術を積極的に導入し、産業構造やライフスタイルの転換を進めれば、生活の質や経済成長を保ったままで二〇五〇年には日本のCO_2排出量を一九九〇年比で七割減らせるという報告書『2050日本低炭素社会シナリオ』をまとめた。低炭素社会を「低炭素排出で安定した気候のもとで持続可能な社会」と位置づけ、経済成長や所得の上昇を続けながらも、かなり大幅な排出削減ができると見ていたが、今回の世界資源研究所の分析結果はそれをある程度裏づけたと言えるだろう。

世界の温室効果ガスを大幅削減できるかどうかの議論によく登場したのが、デカップリングという言葉だ。「経済成長とエネルギー消費の増加を切り離す」を意味するが、デカップリングを実現し、経済成長とCO_2削減を両立させるため、温暖化対策としてCO_2排出量の少ないエネルギー源の開発や、エネルギー効率の向上が重要な課題だとされてきた。先の二一カ国はこのデカップリングを軌道に乗せ始めたことになる。ＥＵ（欧州連合）では温室効果ガス削減のためさまざまな政策を実施してきた結果、加盟二八カ国の総排出量は一九七九年以降減少し続けている。

もちろん日本を含め人口減少が進む先進国では、もうこれ以上の経済成長を求めるべきではない、という考え方もある。経済が成長しなければ、排出削減はより容易になるだろう。

「炭素の価格づけ」を推奨

今後、低炭素社会を超えて脱炭素社会に持っていくには、経済システムを根本的に変える必要がある。例えば炭素に価格をつけ、CO_2を排出すれば費用がかかる仕組みにする「カーボンプライシング（炭素の価格づけ）」がある。我々が日常生活で行う食事、交通機関や車による移動、各種の娯楽のほか、企業の生産活動などすべてにエネルギーを使い、CO_2を排出しているが、この排出行為に費用を払ってこなかった。これをコストのかかる仕組みに変えようというものだ。そうすれば誰もが負担増を避けようと考え、企業はCO_2排出の少ない商品やサービスを提供し、消費者もそれを選ぶようになる。大きな排出削減に結びつくと見込まれる。太陽光発電、風力発電などの再生可能エネルギーを大幅に増やせば、雇用の創出によってＧＤＰの伸びにつながる可能性もある。

「炭素の価格づけ」を、世界銀行やＯＥＣＤは「経済効率的に排出を減らす方法」として推奨する。具体的な手法としては、炭素税と排出量取引制度がある。炭素税は排出する炭素量に応じて課税する。排出量取引は企業の温室効果ガスの排出量に上限（排出枠、キャップ）を設け、企業間で不足分や余剰分を取り引きするものでキャップ・アンド・トレードとも呼ばれる。二〇一五年の世界銀行の報告書によると、三九の国と二三の地域が排出量取引を導入するか、導入を決めている。EUでは二〇〇五年から世界に先駆けて排出量取引が行われ、米カリフォルニア州でも実施されている。アジアを見ると、韓国では二〇一五年から行われ、中国でも二〇一七年から全土での実施が予定されている。

日本では国際的に最安レベルの炭素税を二〇一二年に導入しているが、国レベルの排出量取引制度はない。地域レベルでは東京都と埼玉県が排出量取引制度を設け、排出削減に役立てている。経団連は炭素税と排出量取引に反対の姿勢を取り続け、日本で経済成長とCO_2削減が両立しない一つの要因となっている。

「炭素の価格づけ」と並んでグリーン経済という言葉もよく使われる。地球が有限であることを前提に、人間が安心して暮らせる「持続可能な社会」を支える経済というような意味であり、温暖化防止などの環境保全と同時に経済発展を図ることを目指している。国際レベルや国家レベル、地域レベル、さらには個人レベルまでのさまざまな主体によってグリーン化の取り組みが行われ、その総体がグリーン経済を形成するという考え方もある。グリーン経済への転換はまだまだだが、市場経済の内部などでグリーン化に向けた動きが見られるようになった。急速に進む経済のグローバリゼーションも脱炭素社会を築くという観点から問い直されるべきだろう。

投資家は化石燃料を見限り始めた

CO_2排出量の多い化石燃料関連企業から投資を引き上げる機関投資家が増えている。こうしたダイベストメントと呼ばれる運動が欧米で盛り上がり、一気に加速する可能性がある。化石燃料に依存しないビジネスに商機を見いだす企業も増え、脱炭素は経済成長を阻害しないという見方は強まっている。一方で気候変動への適応策は今後、一大市場を形成していく可能性が高い。経済成長して脱炭素社会を築くのは容易なことではないが、それを目指す以外、温暖化した二一世紀を乗り切る道はない。最初に挙げた二一の国はよくやっているが、これらの国ですら今回のようなわずかなCO_2削減では二度目標の達成は視野に入ってこない。

8 厳しいが、あきらめないで

希望はまだある

今後、急激な気候変動が世界を襲い、人類をはじめ地球上の生命は生存が困難な状況に陥ることになりかねない。しかし、そうならない可能性がわずかに残っている。パリ協定が合意され、一気に国際的な機運が盛り上がっていくことが期待されるのだ。それに望みをかけてやるべきことをやってみよう。

「まだあきらめなくていい」ことを明白に示すような発表が二〇一六年三月、ＩＥＡからあった。長年増加傾向を示してきた世界全体のエネルギー起源のCO_2排出量が、二〇一五年は三二一億トンと二年連続で前年と比べ横ばいとなったというのだ。二〇一四年と二〇一五年の世界経済はそれぞれ前年と比べ約三％成長したが、CO_2排出量は二〇一三年から三年連続で同じ値にとどまった。風力発電や太陽光発電など再生可能エネルギーの利用拡大が予想外の結果を生んだとみられ、ＩＥＡ（国際エネルギー機関）は「パリ協定に続き、世界の温暖化対策を勢いづけるいいニュースだ」と強調した。

中でも目立つのは、排出量の増加が続いてきた世界最大の排出国、中国が二〇一五年に前年より一・五％減少したことだ。省エネ努力などで石炭の利用を減らす一方で、水力発電や風力発電の再生可能エネルギー利用が増えたためとみられる。再生可能エネルギーなど排出量の少ない電源の割合は二〇一一年の一九％から二〇一五年には二八％に増えたという。国連に提出した中国の削減目標は「二〇三〇年までに排出量をピークとする」だが、すでに中国の排出量がピークアウト（頭打ち）に達したとすると、世界が経済成長とCO_2排出削減を両立させる上で大きな意味を持つ。

良いニュースに油断はできない

ただ、今回見られた世界のCO_2排出量の横ばい傾向が一時的なものだという見方は根強い。これから世界のCO_2排出量を減らしていくには、できるだけ早く脱化石燃料を果たさなければならない。化石燃料の使用を完全にやめる以外ないのだ。技術革新によって産業や社会構造を大きく変え、再生可能エネルギー利用や省エネ・節電を徹底する必要がある。CO_2を出さない生活が豊かで快適であるような社会に移行することをイメージしたい。産油国や石油関連会社、電力会社などからの抵抗が予想されるが、それを乗り越えなければパリ協定がうたう「二一世紀後半に温室効果ガス排出の実質ゼロ」を実現できず、二度目標も達成できない。

そんな中で強力な「助っ人」が現れた。宗教界で世界一二億人のカトリック信徒を率いるフランシスコ・ローマ法王が、世界に向けて温暖化に対する行動を精力的に呼びかけているのだ。法王は二〇

フランシスコ・ローマ法王
(©Casa Rosada)

一五年六月、環境と気候変動問題にテーマを絞った回勅（法王による最も重要な文書の一つ）を初めて公表し、温暖化に伴う自然災害が貧困層に被害を与え、新たな難民や移民を生み出すと指摘した。九月には初めて訪米し、オバマ政権の温暖化政策に支持を表明する一方で、上下両院合同会議で温暖化が人間活動によって引き起こされたと強調した。一〇月にはＣＯＰ21に向けて発表した提言の中で、地球の気温上昇を厳しく制限し、今世紀半ばまでに脱炭素化を完了する目標を立てて石油依存の生活スタイルから脱却すべきだと呼びかけた。

宗派を超えた協力がもつ多大な影響

カトリック史上初めての中南米出身である法王の言動は、産油国のベネズエラなど中南米諸国に与える影響は大きいとみられる。八〇〇〇万人近いカトリック信徒がおり、共和党の多くの議員をはじめ国民の四割は温暖化に懐疑的だとされる米国では、法王の訪問はかなりのインパクトを与えたという。日本を含め世界の他の宗派も後に続いてほしい。

脱化石燃料の動きに日本はついていけるのか。最近の温暖化交渉の中で日本の影響力は小さくなる一方で、ＣＯＰ21での存在感も薄かった。日本は原発事故の影響もあって高い削減目標を掲げられなかった。しかも、二〇一四年度の温室効果ガス排出量は前年度より三・一%減ったものの五年ぶりの減少で、石炭火力の利用拡大などで経済成長とCO_2排出削減の両立がまだできていないのだから、国際会議をリードできないのは無理もない。しかし、エネルギー資源に乏しい日本が再生可能エネルギー一〇〇%を実現すれば、CO_2排出の大幅削減と同時に悲願のエネルギー完全自給を達成できるのだ。まずパリ協定を速やかに批准し、原発再稼働ではなく再生可能エネルギーへのシフトを強力に進めるべきだろう。

困難だからこそ、素晴らしい挑戦だ

オゾン層の保護を目指したウィーン条約、モントリオール議定書は国際的な環境政策上の成功例として知られ、いまや専門家はオゾン層が今世紀半ばには一九八〇年のレベルに回復するだろうとみている。気候変動枠組み条約、京都議定書、パリ協定が同じような道を歩むことを期待したい。温暖化の解決のほうがオゾン層よりもはるかに厳しいことは、誰もが分かっているが、あきらめるわけにはいかない。社会を変え、自分も変わっていく時に、いまできることや、すぐできることを積み上げるのではなく、将来のあるべき姿を描いて現状を振り返り、いま何をすべきかを考える「バックキャスティング」という手法がある。急を要する温暖化対策には、バックキャスティングこそが求められている。困難な課題に果敢に挑戦したい。

参考文献

明日香壽川『クライメート・ジャスティス』日本評論社（二〇一五年）
阿部豊『生命の星の条件を探る』文藝春秋（二〇一五年）
石見徹『地球温暖化問題は解決できるか』岩波書店（二〇〇九年）
ガブリエル・ウォーカー『スノーボール・アース』早川書房（二〇〇四年）
ピーター・D・ウォード『地球生命は自滅するのか？』青土社（二〇一〇年）
ナオミ・オレスケス／エリック・M・コンウェイ『こうして、世界は終わる』ダイヤモンド社（二〇一五年）
ハイディ・カレン『ウェザー・オブ・ザ・フューチャー』シーエムシー出版（二〇一一年）
河宮未知生『異常気象と温暖化がわかる』技術評論社（二〇一六年）
大河内直彦『チェンジング・ブルー』岩波現代文庫（二〇一五年）
気候変動に関する政府間パネル（IPCC）第五次評価報告書（二〇一四年）
鬼頭昭雄『異常気象と地球温暖化』岩波新書（二〇一五年）
鬼頭昭雄『気候は変えられるか？』ウェッジ（二〇一三年）
エリザベス・コルバート『6度目の大絶滅』NHK出版（二〇一五年）
世界銀行報告書『熱を下げよ――なぜ4度上昇を避けねばならないか』（二〇一二年）

世界銀行報告書『温度を下げろ――新たな標準的気候に立ち向かう』（二〇一四年）
グウィン・ダイヤー『地球温暖化戦争』新潮社（二〇〇九年）
ルイス・ダートネル『この世界が消えたあとの科学文明のつくりかた』河出書房新社（二〇一五年）
田近英一『凍った地球』新潮社（二〇〇九年）
田近英一『地球環境46億年の大変動史』化学同人（二〇〇九年）
多田隆治『気候変動を理学する』みすず書房（二〇一三年）
中島映至『気候科学の冒険者』技術評論社（二〇一〇年）
中島映至／田近英一『正しく理解する気候の科学』技術評論社（二〇一三年）
Robert M.Hazen『The Story Of Earth』Penguin Books（二〇一三年）
マッケンジー・ファンク『地球を「売り物」にする人たち』ダイヤモンド社（二〇一六年）
ブライアン・フェイガン『千年前の人類を襲った大温暖化』河出書房新社（二〇〇八年）
レスター・R・ブラウン『地球に残された時間』ダイヤモンド社（二〇一二年）
ウォレス・S・ブロッカー／ロバート・クンジグ『CO2と温暖化の正体』河出書房新社（二〇〇九年）
筆保弘徳『異常気象と気候変動についてわかっていることといないこと』ベレ出版（二〇一四年）
エドマンド・ブレア・ボウルズ『氷河期の「発見」』扶桑社（二〇〇六年）
丸山茂徳『21世紀地球寒冷化と国際変動予測』東信堂（二〇一五年）
山内恭『南極・北極の気象と気候』成山堂書店（二〇〇九年）
山本良一『残された時間』ダイヤモンド社（二〇〇九年）

横山裕道『3・11学　地震と原発そして温暖化』古今書院（二〇一二年）
横山裕道『地球温暖化と気候変動』七つ森書館（二〇〇七年）
マーク・ライナス『＋6℃　地球温暖化最悪のシナリオ』ランダムハウス講談社（二〇〇八年）
Mark Lynas『The God Species』Fourth Estate・London（二〇一一年）
エマニュエル・ル＝ロワ＝ラデュリ『気候と人間の歴史・入門』藤原書店（二〇〇九年）
チャールズ・H・ラングミューアー／ウォーリー・ブロッカー『生命の惑星』京都大学学術出版会（二〇一四年）

あとがき

二〇〇七年に『地球温暖化と気候変動』(七つ森書館)という本を出版した。京都議定書採択から一〇年後のこの年は、IPCC(気候変動に関する政府間パネル)が厳しい内容の第四次評価報告書をまとめ、ドイツで開かれた主要国首脳会議では「二〇五〇年までに温室効果ガスの排出量を少なくとも半減させることを真剣に考える」という合意が成った。そこで同書では「二〇五〇年までに半減できなければ、我々は温暖化の進行を指をくわえて眺める以外なく、地球は破局に向かってまっしぐらに突き進んでいくだろう」と書いた。

それから九年たつ。事態はまったく好転することなく、まさに「破局に向かってまっしぐら」の状態である。「もう一度、気候変動について書きたい」という気持ちが次第に募り、本書の出版となった。タイトルもいま温暖化の深刻さが一段と増しているということを表すために『気候の暴走』とすることになった。

随分昔の話になるが、筆者の大学時代の卒業論文と修士論文は、宇宙から地球に降ってくる隕石中のヒ素、アンチモンなど微量元素の中性子放射化分析というもので、当時から宇宙や地球のことに人一倍関心を持っていた。そして地球温暖化や気候変動問題に直接かかわるのは、一九九三年に毎日新聞の科学技術・環境担当の論説委員になってからである。一九九九年からは中央環境審議会の特別委員や臨時委員を計一〇年以上務め、地球環境部会の温暖化論議に積極的に加わった。さまざまな関連資料を基にした議論は刺激的で、学ぶことが大変多かった。

そうした一方で、経団連をはじめとした経済界から出てきた委員や一部の学者が温暖化対策に極めて後ろ向きの発言を続けることに戸惑いを感じた。そのバックに控えているのが経済産業省だった。経済効率的に温室効果ガスの排出量を減らす方法として推奨されている排出量取引制度や炭素税が日本でなかなか実現しなかったのは、まさに経産省や経団連が強硬に反対したためだった。経産省にやり込められることの多い環境省の強い意向があって二〇一二年に国際的に最安レベルの炭素税が導入されたが、産業界の温暖化対策はいまだに限界のある自主行動計画をよりどころにしたままである。

当然ながら日本の温暖化対策は遅れ、次第に国際交渉での発言力を失っていった。二〇一一年に東京電力福島第一原発事故が起こって石炭火力が増えていくという予想外の出来事もあったが、いまや日本は気候変動問題では全く存在感のない国になってしまった。気候が暴走するかどうかの瀬戸際に立たされている時に、これでは困る。日本は国内対策をしっかり行い、パリ協定を基にした今後の国際交渉ではリーダーシップを発揮できるようになってほしいと切に願う。

筆者は二〇〇三年に新聞社から大学の教員に転じたが、大学でも地球温暖化問題を研究テーマに据え、所属する日本環境学会で発表を行ってきた。こうした積み重ねがあったほか、今回は参考文献に掲げたようにたくさんの書籍や資料に目を通し、各種シンポジウムにも参加した。またかつて所属した毎日新聞や朝日新聞など新聞の温暖化関連記事を丹念に読み込んで原稿を執筆した。温暖化に関する分かりやすい啓蒙書になった、と思っている。

本書のタイトルを「気候の暴走」とすることに関しては、明日香壽川東北大学教授、多田隆治東京大学教授、増井利彦国立環境研究所室長、森正人東京大学大気海洋研究所特任助教の四人の専門家に意見を聞いた。明日香教授は「きちんとした定義をすれば、使っても問題はない」と語った。一方多田教授は「気候ジャンプとか、モードジャンプならいいが、気候の暴走という言葉は間違っており、使うべきではない」と強く反対した。結果的に多田教授の意に沿わない形になったことを、ここでおわびしたい。また、忙しい中、快く取材に応じていただいた四人に感謝申し上げたい。

この本の出版にあたっては花伝社の平田勝社長と、編集担当の水野宏信氏に大変お世話になった。お二人にお礼を言いたい。

地球温暖化問題を「でっち上げ」と批判し、パリ協定からの離脱をちらつかせる米共和党のトランプ氏がアメリカ大統領に選出されないことを願いつつ、筆をおきたい。

横山裕道

二〇一六年七月

横山裕道（よこやま・ひろみち）
淑徳大学客員教授。1944年仙台市生まれ。東京大学理学部卒。同大学院理学系研究科修士課程修了。1969年毎日新聞社入社。科学環境部長兼論説委員などを歴任し、2003年淑徳大学国際コミュニケーション学部教授。2011年から現職。現在、環境省「国内における毒ガス弾等に関する総合調査検討会」検討員、埼玉県和光市環境審議会会長、同富士見市環境審議会委員。日本環境学会、環境放射能除染学会、認定NPO法人気候ネットワーク、認定NPO法人環境文明21各会員、日本科学技術ジャーナリスト会議理事。中央環境審議会特別委員・臨時委員、埼玉県環境審議会会長などを務めた。著書に『いま地球に何が起こっているか――21世紀の地球・環境学』（ぴいぷる社）、『地球温暖化と気候変動』（七つ森書館）、『3・11学　地震と原発そして温暖化』（古今書院）、『いま地震予知を問う　迫る南海トラフ巨大地震』（化学同人）、『徹底検証！福島原発事故　何が問題だったのか』（化学同人、共著）などがある。地球・環境論専攻。千葉県柏市在住。

気候の暴走――地球温暖化が招く過酷な未来

2016年8月25日　初版第1刷発行

著者 ――横山裕道
発行者 ―平田　勝
発行 ――花伝社
発売 ――共栄書房
〒101-0065　東京都千代田区西神田2-5-11出版輸送ビル2F
電話　03-3263-3813
FAX　03-3239-8272
E-mail　kadensha@muf.biglobe.ne.jp
URL　http://kadensha.net
振替 ――00140-6-59661
装幀 ――黒瀬章夫（ナカグログラフ）
印刷・製本―中央精版印刷株式会社

ISBN978-4-7634-0790-0 C0044